"十四五"时期国家重点出版物出版专项规划项目

水资源

中国水利水电科普视听读丛书

中国水利水电科学研究院 组编

张海涛 主编

中国水利水电出版社
www.waterpub.com.cn

·北京·

内 容 提 要

  《中国水利水电科普视听读丛书》是一套全面覆盖水利水电专业、集视听读于一体的立体化科普图书，共 14 分册。本分册为《水资源》，通过带领读者走进变幻莫测的水世界，探究河流、湖泊、湿地、地下水、冰川等各类水体，了解我国水资源的数量、分布和质量，弄清水的供给、使用和效率，以及如何科学有效管理水资源，从而使读者系统全面认识水资源状况，促进人类与水和谐共处。

  本丛书可供社会大众、水利水电从业人员及院校师生阅读使用。

图书在版编目（CIP）数据

 水资源 / 张海涛主编；中国水利水电科学研究院组编. -- 北京：中国水利水电出版社，2022.9
 （中国水利水电科普视听读丛书）
 ISBN 978-7-5226-0660-6

 Ⅰ. ①水… Ⅱ. ①张… ②中… Ⅲ. ①水资源—中国—普及读物 Ⅳ. ①TV211-49

 中国版本图书馆CIP数据核字(2022)第070685号

 审图号：GS（2021）6133 号

丛 书 名	中国水利水电科普视听读丛书
书 名	水资源 SHUIZIYUAN
作 者	中国水利水电科学研究院 组编 张海涛 主编
封面设计	杨舒蕙 许红
插画创作	杨舒蕙 许红
排版设计	朱正雯 许红
出版发行	中国水利水电出版社 （北京市海淀区玉渊潭南路 1 号 D 座 100038） 网址：www.waterpub.com.cn E-mail:sales@mwr.gov.cn 电话：（010）68545888（营销中心）
经 售	北京科水图书销售有限公司 电话：（010）68545874、63202643 全国各地新华书店和相关出版物销售网点
印 刷	天津画中画印刷有限公司
规 格	170mm×240mm 16 开本 11.75 印张 130 千字
版 次	2022 年 9 月第 1 版 2022 年 9 月第 1 次印刷
印 数	0001—5000 册
定 价	78.00 元

《中国水利水电科普视听读丛书》

《水资源》

编写组

主　　编	张海涛
副 主 编	郝春沣　贾　玲　李　岗
参　　编	李雪萍　杜军凯　李萌萌　邵薇薇
	李　琳　沈莹莹　陈梅梅　朱　成
	徐　静　陈　非　吴章清　黄新蕊

丛书策划　李亮

书籍设计　王勤熙

丛书工作组　李亮　李丽艳　王若明　芦博　李康　王勤熙　傅洁瑶
　　　　　　芦珊　马源廷　王学华

本册责编　王勤熙　李亮

党中央对科学普及工作高度重视。习近平总书记指出："科技创新、科学普及是实现创新发展的两翼，要把科学普及放在与科技创新同等重要的位置。"《中华人民共和国国民经济和社会发展第十四个五年规划和2035年远景目标纲要》指出，要"实施知识产权强国战略，弘扬科学精神和工匠精神，广泛开展科学普及活动，形成热爱科学、崇尚创新的社会氛围，提高全民科学素质"，这对于在新的历史起点上推动我国科学普及事业的发展意义重大。

水是生命的源泉，是人类生活、生产活动和生态环境中不可或缺的宝贵资源。水利事业随着社会生产力的发展而不断发展，是人类社会文明进步和经济发展的重要支柱。水利科学普及工作有利于提升全民水科学素质，引导公众爱水、护水、节水，支持水利事业高质量发展。

《水利部、共青团中央、中国科协关于加强水利科普工作的指导意见》明确提出，到2025年，"认定50个水利科普基地""出版20套科普丛书、音像制品""打造10个具有社会影响力的水利科普活动品牌"，强调统筹加强科普作品开发与创作，对水利科普工作提出了具体要求和落实路径。

做好水利科学普及工作是新时期水利科研单位的重要职责，是每一位水利科技工作者的重要使命。按照新时期水利科学普及工作的要求，中国水利水电科学研究院充分发挥学科齐全、资源丰富、人才聚集的优势，紧密围绕国家水安全战略和社会公众科普需求，与中国水利水电出版社联合策划出版《中国水利水电科普视听读丛书》，并在传统科普图书的基础上融入视听元素，推动水科普立体化传播。

丛书共包括14本分册，涉及节约用水、水旱灾害防御、水资源保护、水生态修复、饮用水安全、水利水电工程、水利史与水文化等各个方面。希望通过丛书的出版，科学普及水利水电专业知识，宣传水政策和水制度，加强全社会对水利水电相关知识的理解，提升公众水科学认知水平与素养，为推进水利科学普及工作做出积极贡献。

丛书编委会
2021年12月

前言

　　水资源是人类社会发展不可或缺的自然资源，关系到经济社会发展的各个领域。在我国，水资源供需矛盾一直存在且态势严峻，节约和保护有限的水资源是可持续发展面临的重大问题，未来充满挑战。公众是节约和保护水资源的主体，编制出版《水资源》分册，从科学角度普及水资源知识，是引导公众走近水资源、爱护水资源的有效方式。通过水科普宣传，可以让公众更加了解水资源客观状况，从而树立节水意识，积极参加爱水、节水、护水活动，这对推进生态文明、建设美丽中国具有重大意义。

　　全书共分为七章。第一章通过对水的起源、水的循环、水的作用等方面的介绍，带领读者走进变幻莫测的水世界，由李雪萍、李萌萌、邵薇薇编写；第二章通过对河流、湖泊、湿地、地下水、冰川的介绍，让读者了解我国大江大河等水体状况，由李岗、杜军凯、吴章清编写；第三章从降水、蒸发、地表水、地下水、水资源总量等方面介绍我国水资源家底，由郝春沣、朱成、李琳编写；第四章从水资源的质量分类、水质本底、水质状况、水生态环境等方面介绍河湖健康水质量，由张海涛、陈梅梅、沈莹莹编写；第五章介绍水资源的供给、使用、效率，讲解我国水资源如何高效利用，由贾玲、陈非、黄新蕊编写；第六章从治水思路、全面节水、合理分水、管住用水、系统治水等方面介绍如何科学有效管理水资源，由张海涛、徐静、李琳编写；第七章从应对水危机、保护水资源、促进人水和谐等方面倡导人水和谐理念，提升人类对水的情感，憧憬未来如何与水同行，由李雪萍、邵薇薇、沈莹莹、陈梅梅编写。

　　本书编写得到了中国水利水电科学研究院领导及有关同志的大力支持，在此向相关资料的提供者以及支持和帮助过本书编写的所有单位及个人表示诚挚的感谢。由于编者水平所限，书中难免存在不足和疏漏之处，敬请广大读者批评指正。

编者

2022 年 6 月

目 录

序

前言

◆ 第一章 变幻莫测水世界

◆ 第二章 神州浩瀚水一方

第一章

变幻莫测水世界

众所周知，地球是一颗美丽的"水球"。水虽然非常普通，但水的世界又是神秘的、变幻莫测的。虽然我们每天打开水龙头就有水用，但地球上的水来自哪里、地球上到底有多少水、水在海陆间如何循环、水在自然界和人类社会中的作用如何，这些问题都需要我们一起来探索。

◎ 第一节 蓝色星球的秘密

一、美丽地球

在浩瀚的宇宙间，飘浮着一颗美丽的蔚蓝色星球，这就是我们居住的地球。

地球直径约12700千米，表面积约5.1亿千米²，体积约1.08万亿千米³。地球上的陆地面积约1.49亿千米²，约占地球表面积的29%，其余的71%被浩瀚的海洋所覆盖。

水是地球表面数量最多的天然物质，地球表面呈现的蔚蓝色就是生命赖以生存的水的颜色，可以说，地球是一颗美丽的"水球"。

早期的人类对地球的认知有很大的局限性，不知道地球实际上是一个"水球"。在遥远的古代，人们钻木取火，结绳记事，日出而作，日落而息；登高远眺之际，目力所及之处多为陆地，于是认为地球表面大部分都是陆地，并用"地球"一词来形容我们居住的星球。1492年哥伦布开始向西远航，1522年麦哲伦的船队完成环球航行。通过环球航行，人类惊叹海洋浩瀚无边、海纳百川，但并没有认识到地球的陆地面积远远小于海洋面积。因此，"泥土"一词——earth被用来表示我们所居住的地球并沿用至今。

▲ 蔚蓝色的地球

二、地球水圈

科学家们根据地球的特点将它划分为两个"圈",即地球外圈和地球内圈。地球外圈又进一步被划分为四个圈,即水圈、岩石圈、大气圈和生物圈。地球内圈分为三层,由地表向下依次为地壳、地幔和地核。

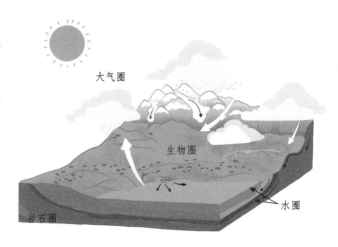

▲ 地球外圈示意图

水圈是地球系统各类水体的总称,它位于地球的外圈,与岩石圈、大气圈和生物圈一起,是塑造地球表面的重要角色。

水圈是地球外圈中最为活跃的一个圈层。水圈中的水不是静止的,而是处于不断的运动之中,是一个永不停歇的动态系统。

▲ 水在地球表面雕刻出千奇百怪的自然景观

水圈在太阳能、地心引力和大气环流等原动力的作用下,时刻进行着大规模演化和循环运动,固态、液态、气态之间的物理形态转变,以及大气水、地表水、土壤水、地下水之间的转化和空间位置的移动,成就了水圈的千变万化。

水圈在地球及万物漫长的演化进程中,扮演着重要的角色。水不仅用巨大的能量在地球表面雕刻出千奇百怪的自然景观;还因其与众不同的特性,

3

溶解岩石中的营养物质，为满足生物需要创造前提。

水圈中的水，几乎伴随地球的一切自然地理过程及生命进化的进程，使得我们居住的地球生机勃勃、万物盎然。

三、地球水量

地球上确切的水量有多少？不同的估算方法会得出不同的估算结果。联合国在 1977 年的水会议文件中提供的数据，认定地球水圈的水量为 13.86 亿千米^3，这个总水量约占地球体积的 0.13%。如果把这些水均匀地铺在地球表面，可以形成一个厚度约 2700 米的水圈。

庞大的水圈水量中，约 97.5% 的水是海水和咸水，剩余的 2.5% 淡水中，有 70% 左右以固态形式存在于南极冰盖、格陵兰冰盖、北极、高山冰川和永久冻土层中，另有 30% 左右以液态存在于河流、湖泊、沼泽和地下 600 米以内的含水层中。能被人类利用的水，仅占淡水量的 0.34%，而且分布极不均匀。

如果我们把地球上全部的水装进一个大瓶子里，那么所有的淡水量只有瓶盖那么一点；而可供人类利用的淡水，充其量也就一滴。

▲ 水循环示意图

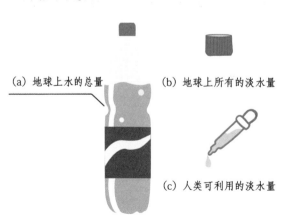

(a) 地球上水的总量

(b) 地球上所有的淡水量

(c) 人类可利用的淡水量

▲ 可被人类利用的淡水非常少

四、水的分类

地球上的水，一般根据以下几种方式进行分类：物理形态、水中矿物质和杂质含量的多少、水的矿化度和含盐量的高低、水温、人民生活和工农业生产对水质的要求等。

按物理形态分类，地球上的水可分为固态水、液态水和气态水。

固态水包括冰川和永久冻土两种形式。

液态水分为海洋水、陆地水和云雾液态水。其中，陆地水分为地表水、地下水、土壤水。地表水分为冰川水、河流水、湖泊水、沼泽水、水库（池塘）水等；地下水分为浅层地下水、深层地下水。

气态水是指在地球外围的大气层中的大量水汽，它们以云或雾的形式，飘浮在空中。气态水的数量仅占地球总水量的十万分之一，但在地球水圈的循环演变过程中发挥着重要的作用。

按水中矿物质和杂质含量的多少分为硬水、软水、矿泉水、纯净水。

按水的矿化度和含盐量的高低分为淡水、微咸水、咸水、卤水。

按水温分为过冷水（$T<0℃$）、冷水（$0℃\leqslant T<20℃$）、温水（$20℃\leqslant T<37℃$）、热

小贴士

热胀冷缩和热缩冷胀

在一般情况下，水具有热胀冷缩的特性。和大多数的物质不同，水还有着很奇葩的另一种特性：热缩冷胀。水在 4℃ 以上时遵循热胀冷缩规律，在 0～4℃ 却呈现热缩冷胀的反常规律，即随着温度升高，水体积缩小，密度增加，到 4℃ 时密度最大。水的这一特殊性质，对江河湖泊中动植物的生命有着重要的影响和意义，大家可以进一步查询有关资料进一步解密哟。

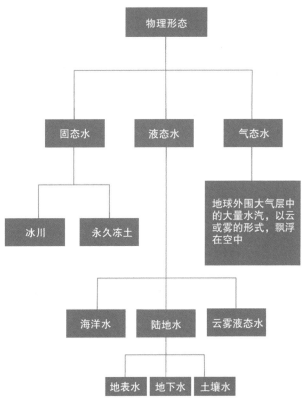

▲ 水的物理形态分类

5

水体种类	水量 / 万千米³	占总水量比例 /%	占淡水量比例 /%
海洋水	133800	96.54	—
河流水	0.212	0.0002	0.006
土壤水	1.65	0.0012	0.05
沼泽水	1.15	0.0008	0.03
生物水	0.112	0.0001	0.003
湖泊水（淡水）	9.1	0.007	0.26
湖泊水（咸水）	8.54	0.006	—
地下水（淡水）	1053	0.76	30.06
地下水（咸水）	1287	0.93	—
永久冻土底冰	30	0.022	0.86
冰川	2406.4	1.736	68.68
大气水	1.29	0.001	0.037
淡水合计	3502.92	2.53	100
总计	138598.46	100	—

▲ 地球上的水量

水（$37℃ \leqslant T < 50℃$）、高热水（$50℃ \leqslant T < 100℃$）、过热水（$T \geqslant 100℃$）。

按照人民生活和工农业生产对水质的要求，对水的各项物理指标、化学指标、生物指标进行分级分类，可分为 I ～ V 类水和劣 V 类水，分别对应于水质优良、良好、较好、较差、差、极差。

◎ 第二节 地球之水的起源

　　研究表明，地球与水出现的先后顺序是先有地球后有水。地球的年龄约45亿岁，水的年龄比地球的年龄少了约1亿岁。也就是说，地球刚刚诞生的时候并没有水。那么，水是地球在其45亿年漫长过程中逐渐演化积聚而来的，还是由宇宙外部带给地球的？这是一个迄今为止尚未完全破解的自然之谜。

　　近百年来，科学家对"地球之水从哪里来"的问题，从不同角度进行探讨，用不同的科学方法来验证；对这个问题的答案可以说是形形色色、莫衷一是，但总体上可以归纳为两大类，即天外来客说和自生说。

一、天外来客说

　　天外来客说，也可理解为外源说，认为地球之水是"天外来客"，是地球外的朋友送给地球的礼物。

　　该学说认为地球上的水来自太空，是地球凝聚形成时从宇宙空间捕获含有水分的球粒陨石而得来的。当含有水分的球粒陨石飞临地球时，其中大量的冰核被地球引力捕获，经过几十亿年的积累，形成了今天地球上的水圈。人们发现，球粒陨石含有0.5%～5%的水，有的高达10%。此外，当太阳风到达地球大气圈上层时，也会带来大量的氢核、碳核、氧核等；这些原子核通过与电子结合发生不同的化学反应会转化为水分子，最终以雨雪形式落到地球上。

▲ 留存在地球上的球粒陨石

▲ 火山喷发时形成大量水汽

二、自生说

自生说认为，形成地球的原始星云中含有水或能够形成水分子的氢原子和氧原子。随着星云团的旋转、收缩，温度不断升高，密度不断加大；水在这样的高温高压下，在地球自转离心力的作用下，逐渐漂移到地幔上部，并随着火山喷发逸散到大气层形成水蒸气，水蒸气遇冷后变成液态水降到地面。

支持自生说的一个最有力的证据就是每次火山喷发时都伴有大量的水蒸气逸出。地球上的水在开始形成时，不论湖泊或海洋，其水量都不多；随着地球内部产生的水蒸气不断被送入大气层，地面水量也不断增加，经历几十亿年的演变过程，最后终于形成我们现在看到的江河湖海。

无论是外源说还是自生说，都程度不同地存在着若干"假说"的因素，还需科学家们坚持不懈地去探索宇宙的奥秘和地球自身的奥秘，以彻底揭开地球之水的来源之谜。

知识拓展

水的形态及转化

水是自然界中唯一一种固态、液态、气态三形态同时并存的物质。水从固态转变成液态叫融化，如冰融化成水；水从液态转变成气态叫蒸发，如水沸腾后成为水蒸气。反之，水从气态变液态叫凝结，如水蒸气凝结成水；液态变固态叫凝固，如水凝固成冰。水也可以直接从固态变成气态，叫升华；也可以直接从气态变成固态，叫凝华，如在寒冷的冬夜，室内的水蒸气常在窗玻璃上凝华成冰晶。

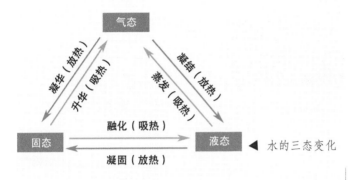

◀ 水的三态变化

◎ 第三节 上天入地水循环

地球表层的总水量为 13.86 亿千米^3，这些水分别以气态、液态、固态三种形式存在于大气层、海洋、河流、湖泊、沼泽、土壤、冰川、永久冻土、地壳深处等。它们相互转化，共同组成一个包围地球的水圈。不同形态的水，依据水量从高到低，依次是：海洋水、冰川与永久积雪、地下水、永冻层中的冰、湖泊水、土壤水、大气水、沼泽水、河流水、生物水。

一、海水总量

地球上海洋面积约 3.6 亿千米^2，海洋总水量约 13.38 亿千米^3，占地球总水量的 96.54%。四大洋中太平洋面积最大，水量最多；北冰洋面积最小，水

▲ 新疆天山乌鲁木齐1号冰川

量也最少。海洋是全球水循环中的主要水汽源地，也是大气热量的主要来源区域，对水圈中的水汽和热量交换起着决定性的作用。

二、冰川水量

冰川按形态可分为冰盖、冰原和山岳冰川三种类型。冰盖是指面积大于 5 万千米^2 的陆地冰川体；冰原是指面积在数千至 5 万千米^2 之间，且表面较平坦的陆地冰川体；山岳冰川主要分布于高海拔地区，面积通常较小。冰川自两极到赤道均有分布，总面积约 1623 万千米^2，占地球陆地总面积的 11%，全球冰川的蓄水量高达 2406 万千米^3，约占地球淡水总量的 69%，是地球上最大的淡水水体。

我国境内的冰川主要集中于青藏高原、天山和阿尔泰山等地区，冰川总面积约 58700 万千米^2，占亚洲冰川面积的一半以上。冰川水约为 2406.4 万千米^3，占地球总水量的 1.736%，排名第二。

三、地球内部的水

如果把地球的结构比作一只煮成半熟的鸡蛋，那么蛋壳代表着地球内部圈层中的地壳，其物质状态为固态；蛋白代表地球内部圈层中的地幔。之所以比喻成"半熟"的鸡蛋，是有些蛋白浆代表着软流层中的岩浆；蛋壳与蛋白之间的膜和鸡蛋壳合起来就代表岩石圈；蛋黄代表地核。

地壳、地幔和地核中处处皆有水存在，并以不同的物理状态呈现。在 15 千米以内是液态水带，这里的水具有普通水的结构。接近地表中的水主要是溶滤作用下生成的淡水，也有咸水、盐水、卤水；地壳下部 15 ~ 35 千米处是汽水溶液，主要成分是水和二氧化碳，这里的地温达 450℃ 以上，由于温度高、压力大，故气水溶液的密度极高，几乎与固体相当。

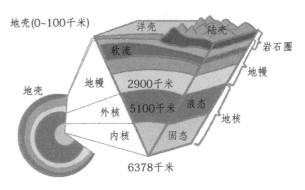

▲ 地球结构剖面图

地球内部有很多水。地球内部的岩石大多是潮湿的，有的以岩浆的形态涌动着。美国地球物理学家史蒂文·雅各布森在对地球上的水进行了多年研究追踪之后，提出了一个重要观点，在我们地球内部实际上存在 5 个"地下海洋"，地球表面的水可能来自地球内部。

四、二元水循环

人类的经济社会活动系统而深度地改变着水循环过程，例如：温室气体排放改变大气过程，农田、城市改变地表过程，农业耕作改变土壤过程，地下水开发、矿藏开采改变地下过程；蓄水、引水、提水过程改变了径流时空过程。人类活动的影响使水循环结构表现出"自然－社会"二元化特征，具体体现在驱动力、循环单元、通量特性、服务功能等多个方面。在水循环深刻演变的背景下，1999 年，"自然－社会"二元水循环理论被提出，使传统的以"实测－还原－建模－调控"为主线的一元水循环认知模式，转变为以"实测－分离－耦合－建模－调控"为主线的二元水循环认知模式，突出了自然水循环和社会水循环相互作用，为中国实行最严格的水资源管理，开展节水型社会建设、生态文明建设提供了重要理论支撑。

小贴士

生命之源、生产之要、生态之基

2011 年中央一号文件指出：水是生命之源、生产之要、生态之基。水利是现代农业不可或缺的首要条件，是经济社会发展不可替代的基础支撑，是生态环境改善不可分割的保障系统。

◎ 第四节 润泽万物水资源

春秋时期管仲在《管子·水地》中谈到："水者何也？万物之本原也，诸生之宗室也。"

一、生命之源

科学家早已证实，早期的原始生命缘于水，最初的生命体在水中诞生。

亿万年前，海里孕育了最初的蛋白质，从而开始了地球上漫长的生命之旅，从单细胞到多细胞，从无脊椎到有脊椎，从水生到两栖又至陆生。地球上一切动植物连同看不见的微生物，皆是水成就的鲜活生命。

水不仅是人体重要的构成部分，生命的任何现象也都与水紧密相连。组成人体的细胞需要用水维持，生命体征的各个环节也需要水发挥重要的作用。水可以帮助生命从外界吸取营养，获得生存与运动所需的物质与能量；水也可以帮助生命排泄掉体内代谢的废物和二氧化碳，散发多余的热量，以达到养分、水分与体温的平衡。

如果把人体比作一台机器,水就是这台机器的润滑剂,凡是转动的部位都需要水来润滑,以减少摩擦并维持正常功能。如泪水可以润滑眼睛以防止眼睛干燥;唾液和消化液可以润滑咽喉和消化道,有利于吞咽和消化道蠕动;关节液有利于骨骼伸展;胸腔及腹腔的组织液有利于保护脏器及脏器的活动;等等。当人体轻度失水时,便会产生口渴感;中度缺水时,会有乏力、抑郁和无尿感;重度缺水而又得不到及时补充时,就无法维持生命体征的正常活动进而危及生命。

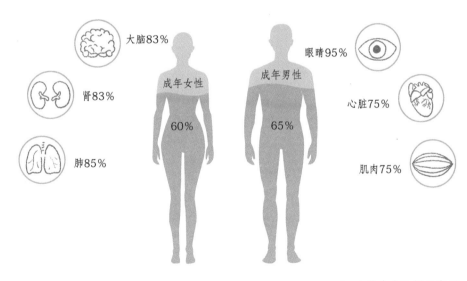

▲ 人体含水比例示意图

二、生产之要

水是支撑人类文明发展所需的基础自然资源和环境资源。

1. 农业之命脉

中国是世界上人口最多的农业大国,有着几千

▲ 用于取水灌溉的水车

▲ 如今依然使用的木兰陂水利灌溉遗产

年的农耕文明历史,水在中国社会经济发展中起着重要的推动作用。

人类在漫长的进化过程中,初期以狩猎和采集野果为生,所以古人类生活的足迹都分布在水边的山洞或谷地。这种依水而居、逐水而徙的生活方式延续了很久,直到能够利用土地栽培植物、在固定的农地上从事耕种和放牧,人们的生活才逐渐能够安顿下来。在这一发展进程中,人类的生活与生产离不开水、更离不开灌溉技术的发展。

早在新石器时代的中国仰韶文化时期,黄河流域及西北地区的许多河谷和近河地带,已有人类在肥沃的河谷土地上从事农业种植和家畜饲养,谷物成为重要食物,且引水灌溉是农业发展的重要条件。当时的社会分工已相当明显和多样化,甚至有专门的部落首领负责管理农业和水利。

3000年前的周代,田野中已分布着由不同等级的渠道形成的灌溉系统。此后长期的发展进程中,芍陂灌溉工程、引漳十二渠、都江堰、郑国渠、木兰陂等大型农业灌溉工程相继建成,灌溉农田、沟通水系,推进文明、泽被中华。

2. 工业之血液

伴随着历史的进程，水的功能不断得到拓展。无论是初期的制造业和商业，或是现代化的工业制造业以及各行各业，水都在其中发挥着重要的作用。

在现代工业中，水因为热传导性好、安全方便又经济可行，所以被广泛应用于需要加热或降温的工艺流程之中，如钢铁厂靠水降温以保证生产、钢锭轧制成钢材要用水冷却、高炉转炉的部分烟尘要靠水收集。

工业生产也利用水的势能、动能、传递压强的特性以驱动机器设备运行和提供能量，如水力发电、水力输送等，也可以通过高温高压锅炉输出的蒸汽为机器设备提供动力，将热能转换成机械能。

水还是广泛的工艺用水，可以直接作为生产用水或辅助生产用水。比如，纺织业中的漂染工艺和化工工业中的许多工艺流程，都需要用水作为溶解

▲ 电力工业冷却塔用水来降温

液、稀释液、浸泡液或水解液等；毛纺、皮革、制糖、食品等初级加工的工艺流程中也需要大量的洗涤用水；石油开采业中油井注水增压、采矿选矿工艺，建筑业中的混凝土搅拌和养护，生产车间或施工场地的除尘、加湿、冲洗等生产过程都需要用到水。

3.生活之必需

水是人们生活中赖以生存的重要资源，更是城市生活无可替代的基础支撑。水作为产品原料给人们的生活带来享受，如食品、饮料、酿酒、医药等，由于供水水质直接影响到产品质量，所以对这类水的供水水质要求很高。

水还用于烹饪饮用、清洁洗浴、集中供暖以及清除废物等；从晨起洗漱到晚间就寝，无论是饮食起居还是工作休闲，哪一项都离不开水。因此，生活用水特别是城镇生活用水，必须不间断地保证供水，一旦停水就会对人民群众的日常生活带来严重影响，长时间、大面积的停水将造成城市卫生条件的恶化和经济、文化生活的瘫痪，对社会稳定造成不利影响。

三、生态之基

水不仅是生命赖以生存的重要资源，是工农业发展的重要基础，在自然环境和社会环境中也是极为重要而活跃的因素，改变和影响着自然、生命、人类以及人类社会。

▲ 城市生活无时无刻都离不开水

▲ 黄河流经甘南地区东乡县塑造出的壮美景象

自然界的山川、平原、丘陵、盆地，各种叹为奇观的地形地貌，都是由水的运动打造而成的。在漫长的地质年代中，水流的冲刷和泥沙的沉积形成了平川，造就了土地；运动着的水雕刻并描绘了大自然的千姿百态，才有了如此多娇的江山；水维系着生态环境系统的形成、演化和运行，是生态环境改善不可或缺的保障系统，因为水才有了生机勃勃的地球。水是维护生态平衡和环境的基本要素，在创造良好环境等方面有着重要的作用，是其他资源无法替代的。

水是支撑文明发展所需的基础的自然资源和环境资源之一，是农业及工业文明不可或缺的血脉。水资源的开发和利用，贯穿了整个人类文明的发展史，推动了人类的文明与进步。

第二章 神州浩瀚水一方

水资源在哪里？就在我国的大地之上，河流、湖泊、湿地、地下水、冰川都孕育着丰富的水资源。其中，河流水最为重要，与人类的关系最密切。河流水的特点是更新快，循环周期短。湖泊、湿地、地下水、冰川蕴含的水则更新缓慢，循环周期长。

◎ 第一节 奔腾不息的河流

当降雨量与高山的冰雪融水量超过同期的蒸发量和土壤渗漏量时，地面就会积聚水量，水在重力作用下向低处流动；在流动过程中，又汇集山泉和地下暗流；无数条涓涓细流发育为浩浩荡荡、一泻千里的江河。

逐水而居是古代各民族繁衍生息的普遍规律，古代四大文明都发源于大河流域。以上海为中心的长江三角洲城市群，以广州为中心的珠江三角洲城市群以及天津、福州、台北等城市，都分布在重要河流的河口或三角洲地区。奔流不息的江河承载了华夏民族的文化繁衍和历史变迁，是孕育中华民族的摇篮。

流域面积／千米²	条数／条	总长度／万千米
≥ 50	45000	150.85
≥ 1000	2221	38.65
≥ 10000	228	13

▲ 我国河流条数和总长度统计表

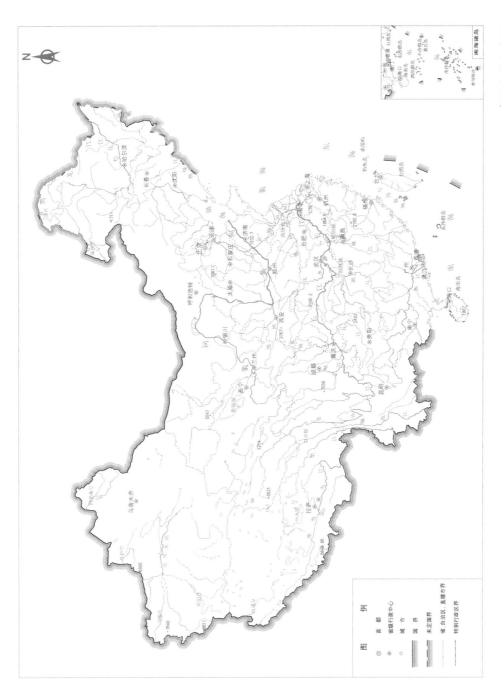

▲ 中国主要水系图

我国河川纵横，水网密布，从滔滔大江到涓涓细流，有数以万计的大小河流；数量多、流程长，是我国河流的突出特点之一。其中长江和黄河，不仅是亚洲最长的河流，也是世界著名的大河。

由于气候、地理等条件的差异，我国河流分布的总体格局是东南部多，西北部少。以大兴安岭、阴山、贺兰山、祁连山、巴颜喀拉山、念青唐古拉山、冈底斯山一线为界，以西、以北为内流区，以东、以南为外流区。

我们通常所说的中国七大江河是指：长江、黄河、松花江、辽河、海河、淮河、珠江。

一、长江

长江是我国第一大河，干流全长 6397 千米，年入海水量约 9760 亿米^3；发源于青藏高原各拉丹冬雪山南麓，源头处的冰川海拔高程达 6500 米，是世界上源头海拔最高的一条大河；流域面积约 180 万千米^2，约占全国国土总面积的 1/5，人口约占全国的 1/3；多年平均年降水量 1070 毫米（1956—2000 年），多年平均年径流量约 9860 亿米^3。

长江按上、中、下游划分，湖北宜昌以上为上游，河长 4504 千米；宜昌至江西湖口为中游，河长 955 千米；从江西湖口到长江口为下游，河长 938 千米。

1. 自然资源

长江流域自然资源丰富，蕴藏着丰富的动植物资源、矿产资源、气候资源，是我国重要的农业生产基地，素有"鱼米之乡"的美称。长江从源头到入海口的总落差达约 5800 米，蕴藏着巨大的水能资

▲ 长江宜昌段

源，在世界上无与伦比；可开发的水能资源近 2 亿千瓦，占全国的一半以上，相当于年产原煤 5.6 亿吨。

2. 航运的"黄金水道"

长江干支流可以通航的水道多达 3600 多条，通航里程约 70000 千米，干流有约 3000 千米的河段可以四季行驶机动船。重庆以下可以终年通行千吨级轮船；万吨级海轮终年可以直达南京，在高水位期间可以上行达武汉。长江航道的运量可以顶得上 40 多条铁路。

二、黄河

黄河是我国第二长河流，源于青藏高原巴颜喀拉山，干流经青海、四川、甘肃、宁夏、内蒙古、陕西、山西、河南、山东 9 省（自治区）后汇入渤海；

▲ 黄土高原黄河支流
洛河峡谷

全长 5464 千米，流域面积 75 万千米²，年径流量 574 亿米³。

从高空看，黄河干流蜿蜒曲折，呈"几"字形；从河源到河口全长 5464 千米，但直线距离仅 2068 千米；其中 180° 的大湾有 2 处，90° 的大湾有 3 处，小湾不计其数，故有"九曲黄河"之称。

黄河全流域年平均降水 450 毫米左右，耕地 2 亿多亩，人口 1.2 亿左右；每年有两次汛期，大汛在夏季，来水主要是上游的暴雨；小汛是春季 3—4 月，来水主要是上游冰雪融化。主要支流有湟水、洮河、清水河、汾河、渭河、沁河、伊河、洛河。

1. 黄河与黄土高原

在公元前 3000—前 2000 年，黄河流经的黄土高原的地理环境适宜于植被的生长。古书曾记载黄土高原"草木畅茂，禽兽繁殖"。到了战国时期，随着人口迅速增长，人们开始开垦放牧，导致黄河流域森林毁灭、草原破坏。这种对黄土高原的破坏性垦殖持续到明清时期；绿色植被遭到严重破坏后，黄土高原失去天然的保护层，引起严重的水土流失。由于水流的冲刷切割，大量的泥沙冲入黄河，使黄河成为世界上含沙量最多的河流，最大年输沙量达 39.1 亿吨（1933 年）。20 世纪后半叶，三门峡水利枢纽多年平均年输沙量约 16 亿吨。

▲ 小浪底水利枢纽

2.危害及治理

人们形容黄河是"地上悬河"。由于泥沙淤积，在黄河中下游部分河段，河床高于河堤外的城市、农田。在开封市，黄河河道比市区地面高出约 13 米。黄河之水全靠大堤约束，否则将给流域人民带来灭顶之灾。

据历史记载，黄河泛滥令河道大改道共 26 次，决口 1000 多次。最近的一次黄河大改道是在 1855 年；改道后，黄河下游改为东北走向，由山东境内入海。

由于黄河流域独特的气候地理条件和水少沙多的问题，黄河成为世界上治理难度最大的一条河流。新中国成立以来，国家坚持不懈地组织实施了大规模的治黄工程，连续多年确保黄河大堤在伏秋大汛期间安全度汛。进入 21 世纪，全流域水量实施统一调度、合理配置管理，实现了黄河下游全年不断流。由于黄土高原水土保持工程的成效，黄河近十余年平均输沙量已不足 3 亿吨。但是，要彻底根治黄河、恢复和维持黄河的健康生命，仍然任重道远。

三、松花江

松花江位于我国东北地区，是黑龙江在国境内的最大支流；有南北两源，北源嫩江发源于大兴安岭支脉伊勒呼黑山，河道长1370千米；南源第二松花江发源于长白山脉主峰白头山，河道长958千米；两源在吉林省松原市的三岔河附近汇合后形成松花江干流，干流长939千米，在黑龙江省同江市附近汇入黑龙江。按北源和南源计算，松花江全长分别为2309千米和1897千米，平均年径流量达762亿米^3。

松花江流域地跨黑龙江、吉林、辽宁、内蒙古4省（自治区），流域总面积为56万千米^2，多年平均地表水资源量为1295.7亿米^3；流域地处寒温带季风气候区，年平均降水量500毫米左右。

▲ 松花江雾凇

▲ 远眺辽河油田

四、辽河

辽河位于我国东北地区南部，发源于河北省承德市境内七老图山脉的光头岭，流经河北、内蒙古、吉林、辽宁4省（自治区），在辽宁注入渤海，全长1345千米，流域面积约22万千米^2。

辽河流域地处温带季风区，年均降水量300~1000毫米，从西北向东南递增。降水量与地表径流量的年内分布基本同步，主要集中在

6—9月，多年平均径流量408亿米^3。

1958年，在辽宁省盘山县六间房处堵塞了外辽河，从此辽河流域分成了两个独立入海的水系，一是由西辽河和东辽河在辽宁省昌图县汇合后形成辽河干流，干流长512千米，在盘锦市的双台子河注入渤海；二是浑河、太子河水系，由浑河和太子河在三岔河汇合后称大辽河，大辽河长94千米，在营口市注入渤海。

辽河流域是我国水资源贫乏地区之一，特别是中下游地区，水资源短缺更为严重。由于人为因素，辽河已成为我国江河中污染较为严重的河流之一，中下游水无法用于灌溉，也无法供人畜饮用。辽河自1993年起进行了整治，污染治理取得了一定成效。

五、海河

海河是我国华北地区的最大水系。海河流域包括海河、滦河、徒骇马颊河三大水系，流域总面积约31.8万千米^2，流域多年平均年降水量约530毫米，多年平均地表水资源量216亿米^3，不重复的地下水资源量154亿米^3，水资源总量370亿米^3。海河流域东临渤海，东北面是辽河流域，北面是内蒙古高原内陆河流域，西面和南面是黄河流域。

公元1613年，明代科学家徐光启第一次使用了"海河"的名称，并沿用至今。海河以漳河为源，全长1032千米。海河水系可分为南系和北系，南系包括漳卫河、子牙河、大清河，北系

▲ 天津的母亲河——海河

包括永定河和北三河。这些河流大部分发源于太行山脉，少数发源于燕山山脉。

海河流域属暖温带半干旱、半湿润季风气候，大陆性气候显著，气温变化较急骤；流域年降水在我国东部沿海各流域中是最少的，多年平均年降水量多在400～700毫米；流域降水的年内分配不均，以7月、8月最多，占全年降水量的50%～60%。

海河水系历史上水患频繁，其中海河流域降水集中是造成水患的重要原因。新中国成立后实施了"根治海河工程"，水患在一定程度上得到治理。

六、淮河

淮河位于我国东部，介于长江与黄河之间，发源于河南省境内的桐柏山主峰太白顶，干流全长约1000千米，沿程汇集了洪汝河、颍河、涡河、沂河、沭河等支流，流经河南南部和安徽中部，注入江苏中部的洪泽湖，然后向南、向东分别注入长江和黄海。从河源到河南、安徽交界处的洪河口为淮河上游，河长364千米；从洪河口到洪泽湖出口处的中渡为淮河中游，河长490千米；从中渡到扬州三江营为淮河下游（入江水道），河长156千米。流域面积约27万千米^2，属暖温带半湿润季风气候，多年平均年降水量约1000毫米，年径流量约680

▲ 淮河上的水利枢纽——王家坝闸

亿米^3。淮河与秦岭连线被认定为中国南方和北方的自然分界线。

历史上的淮河是一条独流入海的河流，下游流经今江苏省盱眙县后折向东北，经淮安市响水县南部的云梯关入海。1194 年，黄河从南岸决口，黄河夺淮河入黄海。到了 1855 年，当黄河再次改道从山东入海后，淮河故道淤塞，就没有了入海口，只能靠大运河流入长江。

淮河水系下游河床淤积抬高，使淮河中下游河道出现特殊的倒比降现象（如下游洪泽湖湖底高程比中游的蚌埠段河床底高程高出 2 米），致使汛期洪水宣泄受阻，洪涝灾害频繁发生。

新中国成立后不久作出了《关于治理淮河的决定》，提出了"蓄泄兼筹"的治淮方针；2003 年，新修的淮河入海水道全线贯通，从而结束了 800 多年来淮河没有独立入海通道的历史。淮河入海水道全长 163.5 千米，近期排洪能力 2270 米^3/ 秒，大大提高了下游的防洪标准。

七、珠江

珠江是我国南方最大的河流，发源于云贵高原乌蒙山系马雄山，全长 2320 千米，在下游注入南海。珠江流域范围涉及福建、广东、湖南、广西、贵州、云南等 6 个省（自治区），流域面积 45 万千米^2，多年平均年径流量约 4160 亿米^3（其中珠江水系 3360 亿米^3），仅次于长江，居全国第二位。珠江由东江、北江、西江及三角洲河网四大水系组成，并从 8 个出海口分流入海。

珠江流域为亚热带气候，多年平均气温为

▲ 西江美景

▲ 珠江（广州段）

14～22℃。流域内雨量丰沛，多年平均年降水量1470毫米。降水量由东向西递减，一般山地降水多，平原河谷降水少。雨季（4—9月）降水量可占全年80%以上；由于降水过于集中，降水强度大，河谷、平原易造成洪涝灾害，山地易形成水土流失。

珠江水系共有大小河流774条，总长约36000千米，丰盈的河水与众多的支流，给珠江的航运事业带来了优越条件，航运价值仅次于长江，居全国第二位。珠江水系水能资源蕴藏丰富，著名的天生桥、大藤峡、鲁布革、新丰江等水利枢纽都属于珠江水系。

珠江三角洲是广东省平原面积最大的地区，三角洲内河道纵横，水网密布，是全国河网密度最大的地区之一；三角洲东、西、北三面环山，南临南海，包括广州、佛山、肇庆、深圳、东莞、惠州、珠海、中山、江门等9个城市，以及香港特别行政区和澳门特别行政区。

◎ 第二节 平静温婉的湖泊

一、概况

在陆地表面有一些能够蓄水的天然洼地，称之为湖泊。湖泊是由湖盆、湖水和湖水中所含的矿物质、溶解质、有机质以及水生动植物所组成的自然系统，是陆地水圈的组成部分。

我国是多湖泊国家。据统计，全国共有 2865 个面积大于 1 千米^2 的天然湖泊，总面积约 7.8 万千米^2，其中淡水湖 1594 个，咸水湖 945 个，盐湖 166 个，其他 160 个。除天然湖泊外，还有不少人工湖——水库。

在我国 12 个著名的湖泊中，按面积计算，我国最大的咸水湖是青海湖，最大的淡水湖是鄱阳湖；海拔最高的大型湖泊是西藏的"纳木错"，水位 4718 米；最深的湖泊是东北的白头山天池，水深 370 米；蓄水量最大的淡水湖是云南的抚仙湖。

▲ 青海湖

名称	海拔／米	最大水深／米	容积／亿米³	类别	所在省（自治区）
抚仙湖	1722	159	206	淡水湖	云南
青海湖	3196	28.7	854.4	咸水湖	青海
鄱阳湖	21	16	150	淡水湖	江西
洞庭湖	33	30.8	178	淡水湖	湖南
太湖	3	4.8	48.7	淡水湖	江苏、浙江
呼伦湖	545	8	131.3	咸水湖	内蒙古
洪泽湖	13	5.5	31.3	淡水湖	江苏
纳木错	4718	35	768	咸水湖	西藏
奇林错	4530	33	492	咸水湖	西藏
南四湖	33	6	25.3	淡水湖	山东、江苏
博斯腾湖	1048	15.7	99	淡水湖	新疆

▲ 我国著名湖泊

二、地理分布

根据湖泊的水文特征、数量和集中程度，我国的湖泊大致可划分为东部平原地区湖泊、青藏高原地区湖泊、云贵高原地区湖泊、蒙新高原地区湖泊和东北地区湖泊五大类，主要集中在东部平原地区的长江中下游沿岸和青藏高原两大地区。

长江中下游沿岸的湖泊水源补给比较丰富，河湖关系密切，大多具有调蓄江河的功能，是我国淡水水产资源的宝库。"五湖四海"一词中的"五湖"指的是洞庭湖、鄱阳湖、太湖、洪泽湖和巢湖。鄱阳湖位于江西北部的长江南侧，是我国最大的淡水湖；洞庭湖位于湖南北部的长江南岸，是我国第二大淡水湖；太湖位于江苏南部，是我国第三大淡水湖；洪泽湖位于江苏北部，湖底高出地面4米，是我国高出地面最大的"悬湖";巢湖位于安徽中部,有蓄水、灌溉、航运之利。

青藏高原湖区堪称世界上最大的高原湖泊群。该地区面积大于 1 千米^2 的湖泊有 1091 个,合计面积 4.5 万千米^2,占全国湖泊总面积的一半;其中最大的是青海湖,它蕴藏着丰富的生物资源,湖中的鸟岛驰名中外。

▲ 鸟瞰青藏高原湖泊美景

青藏高原气候寒冷,降水稀少,冬季冰冻期长,湖泊主要靠冰雪融水补给。由于蒸发强烈,湖水蒸发量远远大于补给量,湖泊的萎缩、干化和咸化趋势十分明显。所以,这里的湖泊绝大部分是咸水湖,湖内富含盐、碱等化工原料,大多属于盐湖、矿湖。

云贵高原地区的湖泊大部分是因地层的断裂陷落再加上石灰岩溶蚀作用而形成,该地区面积大于 1 千米^2 的湖泊有 60 个,合计面积约 1200 千米^2,占全国湖泊总面积的 1.3%。云南的滇池、洱海、程海、抚仙湖、泸沽湖,贵州的草海,四川的邛海、九寨沟海子群等,都是这一地区著名的湖泊。云贵高原喀斯特地貌分布较广,岩溶湖是这里的一大特征,如贵州的草海就是我国最大的岩溶湖。

蒙新高原以波状起伏的高原、山地、盆地相间分布的地形为特征,河流和潜水向盆地或洼地中心呈辐射状汇集,发育成众多的内陆闭流湖;只有新疆北部的喀纳斯湖和内蒙古的乌梁素海等少数湖泊为外流湖。该地区面积大于 1 千米^2 的湖泊有 772 个,合计面积 1.97 万千米^2,占全国湖泊总面积的

21.5%。这一地区深居内陆，气候干旱、蒸发强烈、补给不足，湖水中的盐分在闭流型湖泊内不断浓缩，大部分湖泊演变成咸水湖或盐湖。

东北地区三面环山，中间是松辽平原和三江平原，水系向平原地区汇流，因而在平原地区分布着大片的湖泊、湿地。分布在山区的湖泊则大多属于熔岩堰塞湖或火山口湖，如镜泊湖、白头山天池等。该地区面积大于 1 千米^2 的湖泊有 140 个，合计面积约 4000 千米^2，占全国湖泊总面积的 4.4%。

三、特色湖泊

1. 最大的高原咸水湖 —— 青海湖

青海湖是全国最大的咸水湖。2017 年，水位 3196 米，面积 4635 千米^2，湖深 28.7 米，蓄水量 854.4 亿米^3。其蓄水量比抚仙湖、鄱阳湖和三峡水库的蓄水量总和还要多。青海湖环湖周长约 360 千米，是著名太湖的 2 倍多。湖区有大小河流近 30 条，入湖河流有布哈河、巴戈乌兰河、沙柳河、哈尔盖河、黑马河等。

▲ 青海湖鸟岛风光

　　青海湖属于高原大陆性气候，光照充足，冬寒夏凉，最高气温 25℃，最低气温 –33℃。湖区全年降水量约 400 毫米，全年蒸发量达 1500 毫米，蒸发量远远超过降水量，导致水质矿化度逐渐增高。

　　青海湖盛产青海裸鲤（俗称湟鱼）和硬刺条鳅、隆头条鳅。裸鲤每年 6—7 月洄游至源流河中产卵，为食鱼鸟提供丰富食物条件。青海湖区是许多鸟类的栖息地；有记录的鸟类 222 种，其中斑头雁、棕头鸥、鱼鸥、鸬鹚等的数量都有数万只，还有凤头潜鸭、赤麻鸭、蓑羽鹤、黑颈鹤等。

2. 蓄水量最多的淡水湖 —— 抚仙湖

　　抚仙湖位于云南省玉溪市，距昆明市 60 多千米。湖面海拔高程为 1722 米，水域面积约 217 千米^2；最大水深约 159 米，平均水深约 95 米，相应湖容积约 206 亿米^3，是我国蓄水量最多的淡水湖泊，蓄水量相当于 15 个滇池；多年平均入湖年径流量 16723 万米^3，其唯一出口海口河多年平均年出流水量约 9572 万米^3。抚仙湖流域植被以草丛、灌丛、针叶林

▲ 抚仙湖风光

等次生植被为主，森林覆盖率 27%；年流失入湖的泥沙量 35 万吨。

抚仙湖的一个显著特点是水质为 I 类水。湖水晶莹剔透、清澈见底，古人称之为"琉璃万顷"。抚仙湖是云南省重要的旅游、度假目的地。约 300 万年前，因地壳大变动，喜马拉雅山脉突起，引起了一系列断层贮水及岩石熔蚀，造成了云南高原群山中众多的湖泊，抚仙湖就是其中之一。明末，旅行家徐霞客在他的《徐霞客游记》中有"滇山惟多土，故多壅流而成海，惟抚仙湖最清"的记载。

3. 面积最大的淡水湖——鄱阳湖

江西省境内的鄱阳湖现有面积 2933 千米^2，容积约 150 亿米^3，是我国面积最大的淡水湖。20 世纪 50 年代鄱阳湖面积接近 5000 千米^2，后因泥沙淤积和滩涂围垦，面积不断缩小。鄱阳湖是长江流域的一个过水性、季节性湖泊，主要由赣江、修河、信江、饶河、抚河等提供水源，自南向北在九江市湖口县石钟山附近汇入长江，在调节长江水位、涵养水源、改善当地气候和维护周围地区生态平衡等方面都起着巨大的作用。

鄱阳湖在湖口与长江相通，多年平均年入湖径流量约 1500 亿米^3。它不仅接纳流域五大河来水，在一定的情况下还接受长江水倒灌。鄱阳湖水位呈年内季节性和年际间差异性，年内变幅在 9.6 ~ 15.4 米，如 1976 年洪水期水位 21 米，湖面积约 3841 千米^2；而枯水期水位 16 米，湖面积约 526 千米^2。鄱阳湖湖区平原岗地间河网密布，形成了我国最大也是亚洲最大的淡水湿地区域。

▲ 我国面积最大的淡水湖
——鄱阳湖

四、湖泊的矿化度

矿化度是湖泊水的化学属性之一，它直接反映湖泊水的化学类型和盐度，还影响到湖泊的生物过程。矿化度取决于湖泊地区的降水量减去蒸发量的值，这个值越大，湖水越淡化，矿化度越低；反之矿化度越高。如位于我国内陆地区的湖泊，气候干旱，蒸发强烈，补给不足，湖水中的盐分不断浓缩，最终形成咸水湖或盐湖。

通常所说的淡水湖、微咸水湖、咸水湖及盐水湖四类湖泊是根据湖水的矿化度来划分的。矿化度小于1克/升（每升水含1克矿物质）的是淡水湖，1~24克/升的是微咸水湖，24~35克/升的是咸水湖，大于35克/升的是盐湖。

我国湖泊的矿化度分布呈现从东向西明显增高的特征。以1克/升矿化度为界，分为东、西两部分，东部湖泊矿化度全部小于1克/升，属淡水湖；西部湖泊矿化度均超过1克/升，属微咸水湖、咸水湖和盐湖。这个1克/升的矿化度分界线与我国内流区和外流区的界线基本一致，在气候图上大致与 300 毫米年降水量的界线相当。

序号	湖名	所在省（自治区）	矿化度／（克／升）
1	艾比湖	新疆	112.4
2	赛里木湖	新疆	2.48
3	青海湖	青海	13.8
4	大柴旦湖	青海	274.4
5	鄂陵湖	青海	0.31
6	黑石北湖	西藏	40.6
7	羊卓雍错	西藏	1.95
8	色林错	西藏	18.3
9	呼伦湖	内蒙古	1.2
10	岱海	内蒙古	4.2
11	安固里淖	河北	3.4
12	镜泊湖	黑龙江	0.05
13	白头山天池	吉林	0.25
14	太湖	江苏	0.17
15	鄱阳湖	江西	0.047
16	洞庭湖	湖南	0.18
17	巢湖	安徽	0.17
18	滇池	云南	0.36
19	抚仙湖	云南	0.24

▲ 我国主要湖泊的湖水矿化度

五、湖泊资源

我国淡水湖泊蓄水量约 2250 亿米^3。长江中下游地区降水丰沛，湖泊蓄水总量达 750 亿米^3。鄱阳湖、洞庭湖、太湖、洪泽湖、巢湖五大淡水湖与长江、淮河水系相通，平均每年进入湖泊的总水量达 4800 亿米^3，为蓄水容积的 14 倍，是天然的径流调节水库。

　　从总体情况分析，东部平原地区的湖泊具有防洪、供水、灌溉、航运、水产养殖等方面的综合服务功能。高山湖泊则大都具有丰富的旅游资源和水能资源，但淡水资源可开发利用量有限。

　　湖泊中的自然资源也极为丰富。湖泊中水生物、动物和植物数量多，产量高，用途广泛。鱼类是湖泊中的重要生物资源。此外，星罗棋布的湖泊，犹如镶嵌在锦绣河山之上的颗颗明珠，蕴藏着丰富的旅游资源。

　　随着人口增长，城镇化率提升，河流沿岸的滩地或被大量围垦，或被防洪堤坝和涵闸围裹，致使一些湖泊生态功能退化或丧失；工业、农业和城市污水超标排放等导致湖泊的污染和富营养化加剧，保护湖泊任重道远。

▲ 湖泊中的自然资源极为丰富

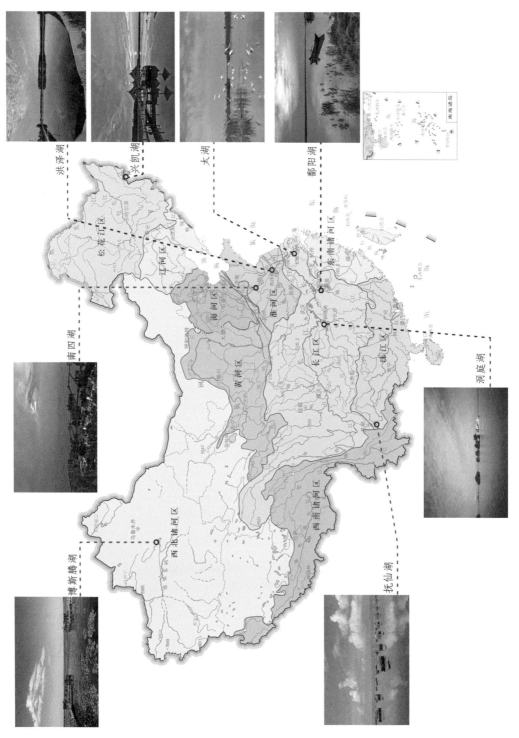

▲ 我国主要淡水湖泊分布图

洪泽湖

兴凯湖

太湖

鄱阳湖

南四湖

洞庭湖

博斯腾湖

抚仙湖

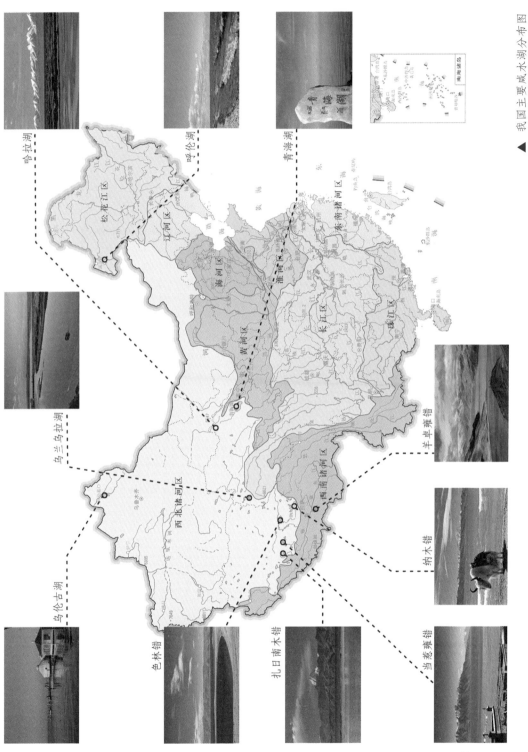

哈拉湖

呼伦湖

青海湖

▲ 我国主要咸水湖分布图

乌兰乌拉湖

羊卓雍错

纳木错

乌伦古湖

色林错

扎日南木错

当惹雍错

41

◎ 第三节 生机勃勃的湿地

一、定义

1971 年《国际湿地公约》给出的广义的湿地定义是："湿地是指不论其为天然的或人工的、长久的或暂时的沼泽地、泥炭地或水域地带，静止或流动的淡水、半咸水或咸水体，包括低潮时水深不超过 6 米的水域。"这个定义只是列举了湿地的外延，并没有指出湿地的本质属性。

湿地最明显的标志是有水的存在，可以根据水、植物和土壤等基本特征来识别湿地：

水：地表具有常年积水、季节性积水或土壤过湿。

植物：水生、沼生和湿生植物。

土壤：以排水不良的水成土为主，多富含有机质。

由此可以给出狭义的湿地定义："湿地是以各类沼泽为主体，土壤常年处于饱和状态或有间隙性积水，积水深度小于 1 米且独立于海洋、河流、湖泊、水库等水域的独特的生态系统。"

二、分类

湿地按自然属性可分为天然湿地和人工湿地两大类。天然湿地又可以分为沼泽湿地、湖泊湿地、河流湿地和滨海湿地；人工湿地分为水库、池塘、水田及其他人工水面。沼泽湿地在陆地分布最广，具有重要的生态功能和丰富的生物多样性。

沼泽湿地可分为森林沼泽、灌丛沼泽、草丛沼泽和苔藓沼泽。

森林沼泽主要分布在寒带和寒温带。由于森林茂密，枯枝落叶在地面堆积，截获地面径流并积蓄大量水分，加之下面的冻土层不透水，使土壤饱和，森林退化成为森林沼泽。

▲ 红军长征曾经过的日干乔大沼泽属于草丛沼泽

灌丛沼泽是指在地表潮湿或积水的地面上，以喜湿的灌木植被为主所形成的沼泽。灌丛沼泽在全国的分布比较广泛，从大兴安岭到海南岛，从东部平原到青藏高原都有分布。

草丛沼泽是以草本植物为主体的沼泽，是分布最广、种类最多、面积最大的沼泽类型。

苔藓沼泽是指在地表过湿或有积水的地面上，植被以喜湿耐酸的藓类植物为主体所形成的沼泽。苔藓沼泽分布面积不大，主要在东北地区。

三、功能

湿地具有调蓄洪水、调节气候、净化水体、保护生物多样性等多种生态功能，因此人们把湿地称为"地球的肾脏""天然水库"和"天然物种库"。

由于湿地拥有巨大的生态功能和效益，国际上通常把它与森林和海洋并称为全球三大生态系统，这充分体现了湿地生态系统的重要性。湿地生态系统是位于陆地与海洋之间水陆相互作用形成的特殊自然综合体，包括陆地淡水生态系统（如河流、湖泊、沼泽等）和陆地与海洋过渡的滨海湿地生态系统，具有重要的生态功能，支持了全部淡水生物群落和部分盐

▲ 三江源湿地

生生物群落，具有丰富的生物多样性。湿地具有的保持生物多样性的功能，是其他任何生态系统无法代替的。

1. 提供动植物资源

湿地具有强大的物质生产功能，它蕴藏着丰富的动植物资源，可以为人类提供丰富的动植物食品资源、工业原料和能量来源。

2. 改善大气组分

湿地内丰富的植物群落，能够吸收大量的二氧化碳气体，并释放出氧气，湿地中的一些植物还具有吸收空气中有害气体的功能，能有效调节大气组分。但也必须注意到，有的湿地会排放出甲烷、氨气等温室气体。

3. 调节水分

湿地在蓄水、调节河川径流、补给地下水和维持区域水平衡中发挥着重要作用，是蓄水防洪的天然"海绵"，在时空上分配不均的降水，可通过湿地的吞吐调节，避免水旱灾害。

4. 净化水环境

沼泽湿地像天然的过滤器，它有助于减缓水流的速度，当含有有毒物质的流水经过湿地时，流速减慢有利于毒物和杂质的沉淀和排除。湿地中的挺水、浮水和沉水植物能够富集金属及一些有害物质，并参与解毒过程，对污染物质进行吸收、代谢、分解，起到净化环境的作用。

5.提供动物栖息地

湿地复杂多样的植物群落，为野生动物尤其是一些珍稀或濒危野生动物提供了良好的栖息地，是鸟类、两栖类动物的繁殖、栖息、迁徙、越冬的场所。

▲ 湿地为野生动物提供了良好的栖息地

四、我国的湿地资源

我国于 2009—2013 年开展了第二次湿地调查，确定起调面积为 8 公顷（含 8 公顷）以上的近海与海岸湿地、湖泊湿地、沼泽湿地、人工湿地以及宽度 10 米以上、长度 5 千米以上的河流湿地。调查结果显示全国湿地总面积 5360.26 万公顷（未计入 3005.70 万公顷水稻田面积）。其中自然湿地面积 4667.47 万公顷，人工湿地面积 674.59 万公顷。自然湿地中，近海与海岸湿地面积 579.59 万公顷，河流湿地面积 1055.21 万公顷，湖泊湿地面积 859.38 万公顷，沼泽湿地面积 2173.29 万公顷。我国湿地具有类型多、面积大、分布广、区域差异显著、生物多样性丰富等特点，是全球湿地和生物多样性保护的热点地区。

1992 年我国加入国际湿地公约。我国首批被列入的 7 块国际湿地如下：

黑龙江扎龙自然保护区：位于黑龙江省齐齐哈尔

市，面积约 21 万公顷。区内湿地主要有湖泊、沼泽、湿草甸 3 种类型，芦苇沼泽面积最大。鹤类是该保护区的主要保护对象。

青海鸟岛自然保护区：位于青海省的青海湖，海拔 3200 米，面积 69.52 万公顷。青海湖及环湖地区的鸟类有 162 种，其中以水禽为主。该保护区是黑颈鹤的栖息、繁殖区，冬季有大量天鹅在此越冬，还生活着大量鹬类和一些猛禽的繁殖种群。

海南东寨港红树林保护区：位于海南省琼山县，面积 3337.6 公顷，主要保护对象是以红树林为主的北热带边缘河口港湾和海岸滩涂生态系统及越冬鸟类栖息地。东寨港是许多国际性迁徙水禽的重要停歇地和连接不同生物区界鸟类的重要环节。

吉林向海自然保护区：位于吉林省西部的通榆县境内，面积约 10.55 万公顷，区内有 3 条河流、22 个湖泊以及数以百计的泡沼和大面积的沼泽。该保护区以鹤类、白鹳和蒙古黄榆等动植物为主要保护对象。

▲ 吉林向海自然保护区中湿地

湖南东洞庭湖自然保护区：位于湖南省东北部，总面积 19 万公顷。该保护区有维管束植物 159 科 1186 种、鱼类 23 科 114 种、鸟类 41 科 158 种，是候鸟重要的越冬地，每年约有 1000 万只候鸟在此越冬。

江西鄱阳湖自然保护区：位于江西省北部，面积 22400 公顷。鄱阳湖湿地不仅是我国重要的湿地，也是世界重要的湿地之一。鄱阳湖水体中分布着多种水生植物，还有种类繁多的鱼类、底栖动物等。水位涨落区栖息着数量众多的珍禽水鸟，也是北方候鸟迁徙越冬的最佳之地。

▲ 鄱阳湖湿地

香港米埔湿地：米埔和后海湾位于香港西北部，总面积1500公顷。湿地区内主要有鱼、虾池塘、潮间带滩涂、红树林潮间带滩涂等3种湿地类型。

进入21世纪，湿地保护面临着严峻挑战。虽然保护湿地的力度不断加大，但是湿地资源丧失和退化的速度仍未得到有效遏制，主要原因是水资源的不合理利用以及围湖造田、围海造地、滩涂开垦等，使我国天然湿地日益减少。目前，我国湖泊已有2/3受到不同程度的富营养化污染，对湿地生物多样性造成了严重危害，造成大批植物和水生生物死亡。

因此，加强对湿地的保护工作任重道远。具体措施是：一方面，要通过宣传教育，使人们认识到保护湿地的重要性；另一方面，要严格控制湿地资源开发，采取抢救性措施建立一批湿地保护区。我国编制了有关湿地的《全国野生动物及其栖息地保护总体规划（2000—2050）》，颁布实施了《中国湿地保护行动计划》，建立各类湿地自然保护区，持续加强对湿地的保护。

◎ 第四节 深藏地下的水源

地下水是指埋藏在地表以下的各种形式的重力水，也就是在重力作用下能在岩土中自由运动的水，包括赋存于地面以下岩石空隙中的水和地下饱和含水层中的水。地下水是水资源的重要组成部分，由于水量稳定，水质好，是农业灌溉、工矿企业和城市的重要水源之一。

一、概况

地下水按其埋藏条件可以分为浅层地下水（即潜水）和深层地下水（承压水）。深层地下水承压喷出的称为自流水。

潜水是指埋藏在地面以下第一个稳定隔水层以上具有自由水面的重力水。这个自由水面就是潜水面，从地表到潜水面的距离称为潜水埋藏深度。潜水面到某一隔水层顶板之间称为潜水含水层。绝大多数的潜水以大气降水和地表水为主要补给来源。

承压水是指充满两个隔水层之间的水。承压水水头高于隔水顶板，在地形条件适宜时，天然露头或经人工凿井喷出地表，称自流水。

在天然状况下，地下水的时间分布与降水时间分布基本相同，但滞后一个入渗补给周期。在降水集中的季节，山丘区地下水十分丰富，会大量补给河川基流；在降水稀少的季节，山丘区地下水会大幅度减少，对河川基流的补给相应减少。在平原区，由于长期超采地下水，形成了大片的地下水降落漏斗，导致地下水位持续下降，地下水资源趋于枯竭。

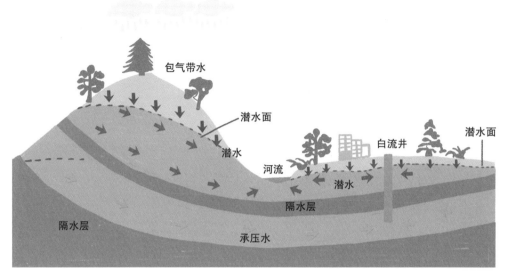

包气带水

潜水面

潜水

河流

白流井

潜水面

潜水

隔水层

隔水层

承压水

▲ 承压水示意图

二、分类

我国独特的自然地理条件和地质构造特征，形成了各地区不同类型的地下水。根据各地区含水层空隙性质、地下水赋存状态和含水岩层结构的不同，可将地下水划分为四种类型：松散沉积孔隙水、碳酸盐岩类喀斯特（岩溶）裂隙溶洞水、基岩裂隙水、多年冻土孔隙—裂隙水。

1. 松散沉积孔隙水

秦岭、淮河以北地区分布着中、新生代构造盆地和平原，有巨厚的松散沉积，地下水蕴藏丰富，如松辽平原、黄淮海平原、塔里木盆地、准噶尔盆地、柴达木盆地等，以及汾渭盆地、银川盆地、南阳盆地、河西走廊等。我国南方则多为小型山间盆地和河谷平原，松散沉积较薄，含水相对较差。我国北方西部多为内陆盆地，降水和常年积雪融化的水源汇集于盆地边缘的巨厚砾石层中，在地下水溢出带形成

▲ 位于贵州省织金县的溶洞——织金洞，洞长 6.6 千米，容积达 500 万米³

绿洲。我国东部为平原地区，新老河道纵横，沉积了厚层的第四系松散沉积，地下水蕴藏丰富。在东部平原和西部内陆盆地之间的黄河中游地区，分布有巨厚的黄土沉积，形成中国独特的黄土高原黄土孔隙—裂隙水。

2.碳酸盐岩类喀斯特（岩溶）裂隙溶洞水

我国北方喀斯特裂隙溶洞水主要发育在下古生代寒武纪、奥陶纪的石灰岩中，喀斯特水以泉或泉群形式泄出。我国南方特别是西南地区的云南、贵州、四川、广东、广西、湖南、湖北等地区，多分布在上古生代和下中生代的地层中，形成一系列的地下暗河和规模巨大的溶洞。

3.基岩裂隙水

基岩裂隙水是我国分布最为广泛的地下水类型之一。岩石在成山作用下发生皱褶、断裂，降水落到地面后，进入大小不等的裂隙，成为裂隙水。

4.多年冻土孔隙—裂隙水

除在黑龙江北部和新疆阿尔泰地区有少量永久冻土和季节冻土地下水分布外，在青藏高原出现了世界少见的低纬度、高海拔多年冻土地下水。

三、地下水利用

我国是世界上开发利用地下水最早的国家之一。

水井的开凿利用可追溯到 5700 年前的
仰韶文化时期。汉代四川自贡地区在
中生代坚硬岩层中开凿了深达 100 米
以上的自流井以及盐卤水井，比法国
和意大利 12 世纪出现的自流井至少要
早 1000 年。新疆的坎儿井历史悠久、
源远流长，一直沿用至今，仍不失为
当地引用地下水灌溉的有效方法。

▲ 古代水井遗址

　　20 世纪 50 年代以来，全国各地
已不同程度地开发利用地下水作为城
市生活用水和工农业用水的主要水源。开采地下水
在解决缺水山区人畜供水、发展草原畜牧业供水、
沙漠地区的开发治理，以及滨海及沿海岛屿地区、
西北黄土地区、南方红层分布地区、喀斯特缺水地
区的工农业供水问题等方面，都取得了较显著的进
展。另外，地下水过度开发问题也越来越突出。如
河北省地下水开采
量从 20 世纪 50 年
代的 28 亿米^3 增加
到 21 世纪初的 170
亿米^3，成为地下水
超采最严重的地区。

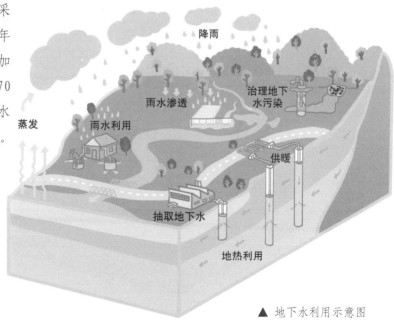

▲ 地下水利用示意图

51

四、地下水资源开采潜力等级

1. 超采区

我国地下水超采区主要集中在我国北方地区，例如北京市、天津市、河北省的大部分地区，山东省、河南省、陕西省、辽宁省和新疆维吾尔自治区的部分地区。超采区地下水需要采取调整开采布局、调引客水补源、推行节约用水等措施，缓解地下水紧张的状况。

2. 基本平衡区

我国地下水采补平衡区主要分布于华北、西北、东北地区的北部，以及四川省、陕西省、湖北省、江西省、福建省的部分地区。地下水开采潜力为 0 ~ 1 万米^3/（千米^2·年），不能盲目扩大开采。

3. 开采潜力较小区

我国地下水开采潜力较小的地区主要分布在青海、新疆、重庆、福建的大部分地区，黑龙江、吉林、辽宁三省的松嫩、松辽平原区，以及云南、贵州、湖南等省的部分地区。地下水开采潜力为 1 万 ~ 5 万米^3/（千米^2·年）的地区，可适度开发利用地下水。

4. 开采潜力中等区

我国地下水开采潜力中等区主要分布于长江流域和华南地区。地下水开采潜力为 5 万 ~ 10 万米^3/（千米^2·年）的地区，可以适当增加地下水开采强度，减少地表水的利用。

5. 开采潜力较大区

我国地下水开采潜力较大区主要分布在长江沿岸、淮河沿岸和华南地区。地下水开采潜力10万～20万米^3/（千米^2·年），应该鼓励开发利用地下水，充分利用地下水水质优良、动态稳定和多年调节的特点。

6. 开采潜力大区

我国地下水开采潜力大于20万米^3/（千米^2·年）的地区，主要分布在广西壮族自治区、广东省、海南省的小部分地区。

◎ 第五节　银装素裹的冰川

一、冰川的形成

冰川是由永久积雪在重力作用下长期演变而成的。雪花是由大气中的水汽遇冷直接凝华而形成的六角形结晶体，刚落到地上的雪花一般都非常松软，中间布满空隙。如果气温高于0℃，雪花落地后就会融化成液态水；只有常年气温低于0℃的地方才有可能形成永久积雪，人

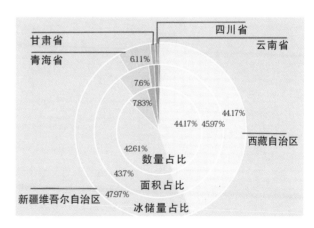

▲ 我国西部各省（自治区）冰川数量统计
（数据来源：《基于第二次冰川编目的中国冰川现状》）

53

们把高山上能够形成永久积雪的下限称为雪线。如喜马拉雅山南坡雪线高度为 4000 米左右，北坡雪线高度为 6000 米左右。处于雪线以上的永久积雪层，经长期积累厚度不断加大，内部压力也相应增大，空隙减小，密度加大，经历粒雪化过程而演变成冰川冰。冰川冰形成后，因受自身很大的重力作用形成塑性体，沿斜坡缓慢运动或在冰层压力下缓缓流动形成冰川。冰川上游部分被称为冰川堆积带，下游部分被称为冰川消融带；两者分界线是雪线，在雪线处雪的累积量与消融量处于平衡状态。

二、我国冰川分布

我国是世界中、低纬度山岳冰川最发达的国家。

山系（高原）	数量 / 条	面积 / 千米^2	冰储量 / 千米^3
阿尔泰山	273	179	11
穆斯套岭	12	9	0.4
天山	7934	7180	708
喀喇昆仑山	5316	5989	593
帕米尔高原	1612	2160	177
昆仑山	8922	11524	1106
阿尔金山	466	295	15
祁连山	2683	1598	84
唐古拉山	1595	1844	140
羌塘高原	1162	1918	157
冈底斯山	3703	1296	57
喜马拉雅山	6072	6821	533
念青唐古拉山	6860	9559	835
横断山	1961	1395	77
总计	48571	51767	4493.4

▲ 我国西部各山系（高原）冰川数量统计（2010 年数据）

据调查，2010 年共有冰川 48571 条，冰川总面积为 5.18 万千米^2，约占亚洲冰川总面积的一半，主要分布在西藏、新疆、青海、甘肃、四川和云南等省（自治区）。冰川储量约 4494 千米^3，每年融水量约 500 亿米^3，是江河重要的补给来源。冰川水资源量约占全国水资源总量的 2%，年融水径流量相当于一条黄河。

三、我国的主要冰川

1. 祁连山冰川

祁连山冰川总面积为 1598 千米^2，主要分布在疏勒南山、土尔根达坂和走廊南山，以小型冰川居多，冰川末端的平均海拔为 3860 ~ 4800 米。著名的河西走廊绿洲就是靠祁连山冰川融水哺育的。

▲ 祁连山冰川

▲ 昆仑山冰川

2. 天山冰川

我国境内的天山冰川面积为 7180 千米^2，为塔里木河水系和伊犁河的主要发源地。该地区拥有许多长度 20 千米以上的山谷冰川。

3. 昆仑山冰川

昆仑山冰川是我国最大的冰川区，冰川面积约占全国冰川面积的 1/5；冰川末端下伸到 4600 ~ 5500 米的山麓。

4. 喜马拉雅山冰川

喜马拉雅山冰川的北麓中国境内面积为 6821 千米^2，约占其总面积的 1/3。

5. 念青唐古拉山冰川

念青唐古拉山冰川是青藏高原东南部最大的冰川区，冰川面积为 9559 千米^2。该地区是我国主要的季风海洋型冰川区。

四、冰川与淡水资源

我国冰川资源相对比较丰富，分别占全世界山岳冰川的 14.5% 和亚洲山岳冰川的 47.6%。特别是新疆，地处亚洲内陆腹地，气候干旱，降水稀少，但冰川储量占全国的 48.2%，成为调节河川径流的固体水库。冰川是大自然赋予新疆的宝贵资源。

我国的主要江河大多发源于青藏高原，如第一大河长江就发源于唐古拉山脉主峰各拉丹冬雪峰，黄河发源于巴颜喀拉山的雪峰等。冰川不仅孕育了江河，而且还对河川径流起着重要的调节作用。

冰川具有多年调节河川径流的作用。在低温湿润年份，山区降水较多，冰川积累量大于消融量，固体水库处于蓄冰阶段；在干旱高温年份，冰川融水增加，弥补了降雨的减少，如新疆的冰川融水占河川径流的 25.4%。

由于地球气候变暖，20 世纪中叶以来，大多数冰川处于强烈退缩状态。青藏高原和我国西北内陆地区是近几十年来升温最快的地区之一，这些地区的冰川退缩速率一般为（10 ~ 20）米 / 年，最大的可达 50 米 / 年。按照这样的趋势，2050 年祁连山的冰川将大部分消失，其他地区的冰川也将大幅度减少。

省（自治区）	冰川融水径流量 / 亿米^3	河川径流量 / 亿米^3	冰川融水比重 /%
新疆	201.5	793	25.4
西藏	349.15	4064	8.6
青海	23.76	622	3.8
甘肃	10.72	299	3.6
云南、四川	19.52	—	—

▲ 我国西部 6 省（自治区）冰川融水径流量

第三章

资源禀赋水家底

我国幅员辽阔、地形复杂、气候多样，自然地理特点造就了南北方、东西部特征迥异的水资源分布格局，降水、蒸发、地表水资源、地下水资源、水资源总量等水文水资源要素的时空差异明显。水资源总量多、人均少，南方多、北方少，山区多、平原少，汛期多、非汛期少，且与耕地、能源等经济社会要素不相匹配，是我国水资源禀赋的基本特点，这对水资源开发利用和经济社会发展具有不同程度的制约。

在开始介绍我国水资源家底之前，先需要介绍一个基本概念——水资源分区。

根据我国水系的特点和管理需求，将全国划分为10个水资源一级区：松花江区、辽河区、海河区、黄河区、淮河区、长江区、珠江区、东南诸河区、西南诸河区、西北诸河区；在此基础上，进一步划分为若干个水资源二级区、水资源三级区和水资源四级区。按照水资源管理惯例，松花江区、辽河区、海河区、黄河区、淮河区、西北诸河区归为北方地区，长江区、珠江区、东南诸河区、西南诸河区归为南方地区。

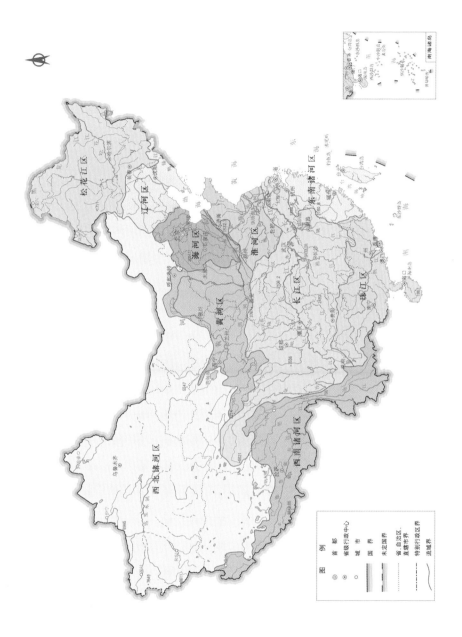

▲ 中国十大一级流域（区域）分布示意图

◎ 第一节　河川之水天上来

一、定义

降水是指从大气中降落到地面的液态水和固态水，是地表水资源和地下水资源的主要补给来源。

湿空气被上升气流提升到高空，膨胀、冷却，相对湿度不断增大，直至呈饱和或略过饱和，在悬浮于空气中的凝结核上凝结，形成云滴并不断增大；在克服上升气流的阻力后，降落到地面，形成降水。大气水仅占地球水圈总水量的 0.001%，但是更新最快，平均更新周期仅 8 天左右。

二、全球和我国的降水格局

1. 全球降水格局

全球多年平均年降水深约为 1130 毫米，其中海洋多年平均年降水深约 1270 毫米，陆地多年平均年降水深约 800 毫米。全球降水呈地带性分布，赤道地区和东南亚季风区降水最多，中纬度地区次之，副热带沙漠地区和两极地区降水很少。从七大洲来看，南美洲平均年降水深最大，南极洲最小；亚洲多年平均年降水深仅约 630 毫米，处于相对较低的水平。在二十国集团（G20）国家中，印度尼西亚多年平均年降水深最大，超过 2700 毫米，而沙特阿拉伯最小，仅约 60 毫米。

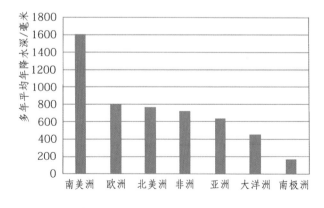

▲ 各大洲多年平均年降水深

2. 我国降水格局

我国多年平均年降水深为 650 毫米，大约相当于学生课桌的高度。降水的地区分布很不均匀，总体呈由东南到西北逐渐减少的格局，但由于水汽条件和地形等影响，也存在若干高值区和低值区。

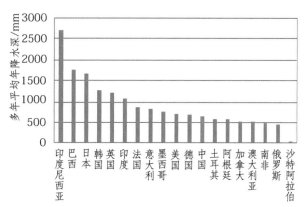

▲ G20 国家多年平均年降水深
[注：数据来源于联合国粮农组织（FAO）全球水信息系统（AQUASTAT）]

东南沿海部分地区多年平均年降水深超过 2000 毫米，台湾岛北部和东南部部分地区多年平均年降水深超过 3000 毫米，而雅鲁藏布江下游的雅鲁藏布大峡谷多年平均年降水深可达 6000 毫米以上，堪称"中国雨极"。对比之下，全国约 1/4 的国土面积多年平均年降水深在 200 毫米以下，主要位于西北地区，吐鲁番盆地以及塔里木盆地、准噶尔盆地等部分地区多年平均年降水深甚至不足 25 毫米。

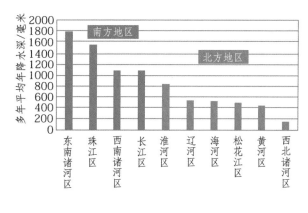

▲ 我国各水资源一级区多年平均年降水深（1956—2000 年）

山丘区降水普遍大于平原区。因降水的多少主要依赖成雨条件，除了与空气中水汽含量有关外，还受气流上升运动强弱的影响。山区地形给空气抬升、冷却提供了有利条件，湿润气流遇到山体阻挡被迫抬升容易形成地形雨，因而在相近的水汽条件

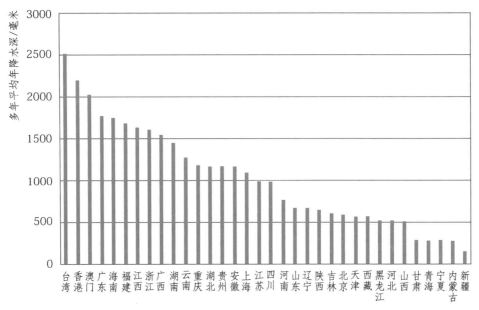

▲ 我国各省级行政区多年平均年降水深（1956—2000 年）

下，山区降水往往比平原多，迎风坡降水比背风坡多。山丘区多年平均年降水深 770 毫米，折合水量占全国的 85.2%；平原区多年平均年降水深 343 毫米，折合水量占全国的 14.8%，山丘区多年平均年降水深是平原区的 2 倍多。

按照南北方分区来看，南方地区降水整体多于北方地区，多年平均值分别为 1214 毫米和 328 毫米。在各水资源分区中，东南诸河区降水深最大，多年平均值达 1787 毫米；西北诸河区多数地区干旱少雨，多年平均年降水深仅约 161 毫米。

在各省级行政区中，位于我国东南部的台湾省降水深最大，年均超过 2500 毫米，而位于我国西北的新疆维吾尔自治区多年平均年降水深最少，仅约 150 毫米。

从全国来看，400 毫米年降水深等值线从大兴安岭西侧自东北向西南蜿蜒到达我国和尼泊尔边境西端，与我国东南部湿润、半湿润地区和西北部干旱、半干旱地区的地理分界线大体一致，也与我国内流区和外流区的分界线大致相符。以东地区属温带和亚热带季风气候区，降水较多；以西地区由于深入欧亚大陆腹地，气候干旱，降水稀少。400毫米年降水深等值线基本代表了种植业与畜牧业的分界线、农耕文明与游牧文明的分界线，其东段与我国古代长城的修筑位置较为一致。

800毫米年降水深等值线位于秦岭－淮河一线，大致是我国半湿润与湿润地区的分界线，该线以南和以东地区，大气水汽含量高，降水丰沛，属于湿润区；该线以北地区，降水明显减少，属半湿润区。800毫米年降水深等值线基本代表了我国北方和南方的地理分界线、冬季河流结冰与不结冰的分界线、我国温带季风气候与亚热带季风气候的分界线。

受季风气候的影响，我国大多数地区降水的年际变化较大。由于各地水汽来源及其变化程度的差异，各地区降水的年际变化相差很大。总体来说，北方地区降水的年际变化幅度大于南方地区。

北方多数地区最大年降水深是最小年降水深的3倍以上，南方多数地区在3倍以下。其中西北干旱少雨的塔里木盆地、准噶尔盆地和其他沙漠戈壁地区，有观测记录的历史最大年降水深是最小年降水深的6倍以上。以和田为例，最大年降水深超过100毫米，最小年降水深仅不足5毫米。但是伊犁河谷和阿尔泰山部分地区降水相对丰沛，降水年际变化明显小于西北其他地区。

我国降水年内分配也很不均匀，降水集中程度较高，绝大部分地区连续最大4个月降水量占全年总降水量的比例在60%以上，干旱半干旱地区可达

小贴士

我国西北地区的降水量都那么少吗？

西北地区总体干旱缺水，但是局部地区受特殊的自然地理条件影响，降水相对较多。位于天山山脉西部的伊犁河谷，三面环山，呈由东向西逐渐展开的喇叭口地形，来自大西洋的盛行西风携带的水汽在喇叭口形态中得到聚集，并且受到地形强烈抬升的影响，部分形成了丰富的地形雨，部分山区多年平均年降水量可达1000毫米以上，被称为"中亚湿岛""塞外江南"。

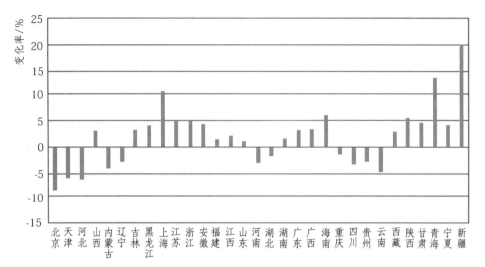

▲ 各省级行政区2001—2020年与1956—2000年多年平均年降水量的比较（未计香港、澳门、台湾地区）

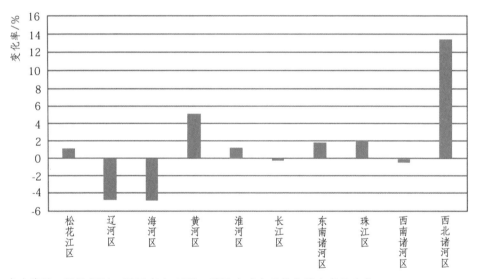

▲ 各水资源一级区 2001—2020 年与 1956—2000 年多年平均年降水量的比较

80% 以上。雨带的移动与副热带高压脊线的季节性移动密切相关，具有明显的季节性推移规律。一般冬季干旱、降水稀少，夏季湿润、降水频繁，春秋季降水介于冬夏之间。

全球气候变化对我国降水造成一定的影响。与1956—2000 年相比，2000 年以来全国多年平均年降水量略偏高，但是变化幅度并不明显。西北地区降水量整体呈显著增加趋势，华北地区有所减少。同时，暴雨、干旱等极端气候发生频率呈上升趋势，给我国水安全带来挑战。

三、降水观测

降水观测是研究流域或地区水循环的必要基础，降水观测资料是水文水资源学科最重要的基础资料之一。降水观测按照手段不同可以分为直接观测和间接观测。

直接观测是在某个测站水平安装具有一定承雨口径的设备（雨量器、雨量计等），并按照降水资料的用途和精度要求进行观测站网布设及观测频率设定。常见的观测内容为日降水量（本日8时至次日8时之间的降水量）、次降水量（某场次降水过程的降水量）以及不同时间间隔的降水量（降水强度）。直接观测在单点上精度高，但是覆盖范围较小，仅能代表测站周围地区的降水情况。

间接观测是通过测雨雷达、遥感卫星等测算一定区域面积上的降水量。测雨雷达通过雷达回波信号与被贯穿的云雨之间的关系，结合地面测站率定来测定降水量，有效测量范围半径约为200～300千米。遥感卫星可根据遥感影像反演、卫星云图等分析判断云雨特征，进而推算大面积的降水量、积雪水量等。间接观测手段随着测量范围的扩大，精度有所降低，但是能够代表较大面积上的整体降水状况。

▲ 翻斗式自计雨量计

小贴士

气象卫星

我国自1988年以来，已成功发射风云一号（FY-1）、风云二号（FY-2）、风云三号（FY-3）、风云四号（FY-4）以及晨昏轨道卫星等多颗气象卫星，组成了气象卫星业务监测系统，成为继美国、俄罗斯之后世界上同时拥有静止卫星和极轨卫星两种轨道气象卫星的国家。

四、降水的等级和频率

根据国家标准《降水量等级》（GB/T 28592—2012）的规定，降雨分为微量降雨(零星小雨)、小雨、中雨、大雨、暴雨、大暴雨、特大暴雨共七个等级，降雪分为微量降雪(零星小雪)、小雪、中雪、大雪、暴雪、大暴雪、特大暴雪共七个等级。

等级	时段降雨量 / 毫米	
	12 小时降雨量	24 小时降雨量
微量降雨（零星小雨）	<0.1	<0.1
小雨	0.1 ~ 4.9	0.1 ~ 9.9
中雨	5.0 ~ 14.9	10.0 ~ 24.9
大雨	15.0 ~ 29.9	25.0 ~ 49.9
暴雨	30.0 ~ 69.9	50.0 ~ 99.9
大暴雨	70.0 ~ 139.9	100.0 ~ 249.9
特大暴雨	≥ 140.0	≥ 250.0

▲ 不同时段的降雨量等级划分表

等级	时段降雪量 / 毫米	
	12 小时降雪量	24 小时降雪量
微量降雪（零星小雪）	<0.1	<0.1
小雪	0.1 ~ 0.9	0.1 ~ 2.4
中雪	1.0 ~ 2.9	2.5 ~ 4.9
大雪	3.0 ~ 5.9	5.0 ~ 9.9
暴雪	6.0 ~ 9.9	10.0 ~ 19.9
大暴雪	10.0 ~ 14.9	20.0 ~ 29.9
特大暴雪	≥ 15.0	≥ 30.0

▲ 不同时段的降雪量等级划分表

人们经常听到"百年一遇降水"等类似的表述，这是在降水、洪水、干旱等水文分析中对"重现期"和"频率"的通俗表达。频率表征的是在一定时段的观测资料中，大于或等于某个特定数值的值出现的可能性。重现期与频率是互为倒数的关系，频率数值越小，重现期越大。当频率是 1% 时，其重现期为 100 年，则称其为百年一遇。

需要说明的是，重现期实际是统计平均的概念，例如"百年一遇降水"，并不是说大于或等于这个降水量的情况正好一百年出现一次，事实上可能一百年内出现多次。"百年一遇"是按照当地降水在以往一段历史时期呈现出的统计学规律得到的，平均来说是 100 年重现一次的意思。受全球气候变化影响，我国极端降水频率有升高趋势。因此，近年来人们常听到"二十年一遇""百年一遇"等说法。

◎ 第二节 水陆蒸发踪影无

一、定义

蒸发是液态水转化为气态水并逸入大气的过程。根据蒸发面的不同，可以分为水面蒸发、土壤蒸发、植物散发（也称为植物蒸腾）等。自然界中凡有水的地方，几乎都存在蒸发现象。例如，湖泊、水库的水面存在大量蒸发；地下的潜水向上输送水分，并通过土壤蒸发和植物散发进入大气；大气降水过程中也存在蒸发。

二、我国的蒸发格局

从水面蒸发和陆面蒸发两个角度来分析蒸发的时空格局。

水面蒸发是指自由水面水分子汽化逸入大气的过程，代表一个测站或一个区域在水分充分供给条件下的蒸发能力。

陆面蒸发通常是指一个地区水（冰、雪）面蒸发、土壤蒸发、植物蒸散发的综合，也称为总蒸发。

小贴士

蒸发

蒸发是水循环中最活跃的因素之一，是联系大气圈和水圈的纽带。

蒸发的产生需要下垫面和近地大气层之间存在水汽压差和热量差，其大小受到蒸发面所能得到的水量、能量以及大气吸收水分能力的影响，体现了热量交换过程和水量交换过程之间的联系。

蒸发同时伴随着水分和能量的消耗。在干旱地区或少雨季节，通过抑制蒸发减少无效消耗，可以节约水资源，提高水资源利用效率。例如西北地区采用的农田膜下滴灌等技术；寒冷地区通过抑制蒸发，提高水温、地温，有利于延长农作物生长期。

水面蒸发量是衡量当地蒸发能力的指标，而陆面蒸发量代表的是区域实际蒸发状况。

1. 水面蒸发量

我国多年平均年水面蒸发量约 1100 毫米，地区分布差异很大，总体而言，高温、干燥地区水面蒸发量大，低温、湿润地区的水面蒸发量小。西部地区普遍高于东部地区，北方地区一般高于南方地区，平原地区一般高于山丘区。全国最低值出现在黑龙江东北部，不到 500 毫米；最高值出现在内蒙古西北部，高达 2600 毫米。

由于影响水面蒸发量的气温、湿度、风速、日照和辐射等气象因素年际变化幅度相对较小，相对于降水、径流等水文要素的变化，水面蒸发量的年际变化相对较小，北方地区变幅一般大于南方地区。全国大部分地区年内水面蒸发量以夏季所占比例最大。

2. 陆面蒸发量

全国多年平均年陆面蒸发量为 357.2 毫米，占多年平均年降水量的 55.0%。

总体而言，陆面蒸发量受蒸发能力（以水面蒸发量表示）和天然条件下的供水条件的影响。气候湿润、降水丰沛的地区，虽然蒸发能力并不大，但由于供水充足，陆面蒸发量高；反之，气候干旱、降水稀少的地区，虽然蒸发能力很大，但供水条件较差，陆面蒸发量并不高。

据测算，我国北方地区多年平均年陆面蒸发量为 248.9 毫米，占其相应降水量的 75.8%；南方地区多年平均年陆面蒸发量为 547.3 毫米，占其相应降水量的 45.1%。

（a）北方地区

（a）南方地区

（a）全国平均

▲ 不同地区分季节水面蒸发量占比

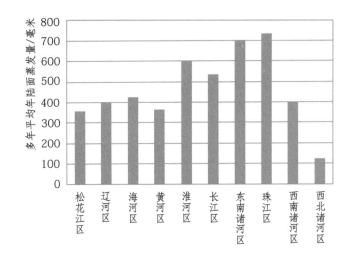

▼ 各水资源一级区多年平均年陆面蒸发量（1956—2000年）

三、蒸发的观测和计算

1. 水面蒸发量的观测和计算

水面蒸发量一般通过蒸发器、蒸发池等进行观测，或者使用水面蒸发公式进行计算。

由于水面蒸发观测设施本身及周围的动力和热力条件与天然水体不同，因此蒸发强度也不同。一般认为大型蒸发试验池的观测结果相对接近自然水面蒸发量，但是其布设成本较高。因而在实际观测中，通常将蒸发器的观测结果通过折算系数换算成自然水面的水面蒸发量。

▲ E601型蒸发器

2. 陆面蒸发量的计算

陆面蒸发量主要通过分析计算得到。可以通过公式、模型等研究区域内不同下垫面的单项蒸发量，组合得到一个地区的陆面蒸发量；也可以将遥感信息与大气湍流边界结合，分析得到大气水汽通量。

小贴士

下垫面

下垫面是大气与其下界的固态地面或液态水面的分界面，是大气的主要热源和水汽源，也是低层大气运动的分界面。

鉴于陆面蒸发机理和计算十分复杂，陆面蒸发量也可以根据水平衡关系推求，即从区域总降水量中扣除形成水资源的那部分，再加上地下水开采条件下降水入渗补给形成的潜水蒸发量。

◎ 第三节 江河湖库地表水

一、地表水资源量

地表水是分别赋存于河流、湖泊、沼泽、冰川和冰盖等水体的总称。其中，河流是陆地表面宣泄水流的主要通道，河水更新周期约为 16 天；沼泽水、湖泊水的更新周期约为 5 年和 17 年；冰川和冰盖更新周期更长，可达 1000 年以上。

地表水资源量是指由当地降水形成的河流、湖泊、冰川等地表水体中可以逐年更新的动态水量，即河川径流量，常以径流深（河川径流量转化到相应集水面积上的平均水深）表示。

地表水资源量与地表水储存量是完全不同的两个概念。前者是地表水体中可以逐年动态更新的水量，年际变化显著；后者是储存于地表水体中的水量。

二、我国的地表水资源格局

1. 地表水资源量

我国 1956—2000 年多年平均地表水资源量为 27375 亿米^3。其中，山丘区多年平均地表水资源量占 92.7%，折合年径流深 371 毫米；平原区占 7.3%，

> **小贴士**
>
> **地表水产流过程**
>
> 降水从天空下落，在接近地面时有一部分水量被植物枝叶截留并通过蒸发返回大气；落到地面后，一部分下渗进入土壤，一部分在地表蒸发返回大气，剩余的部分形成地表产流，并通过坡面、沟道、小河、大河进行逐级汇集，在各级河道内形成看得见的水流。

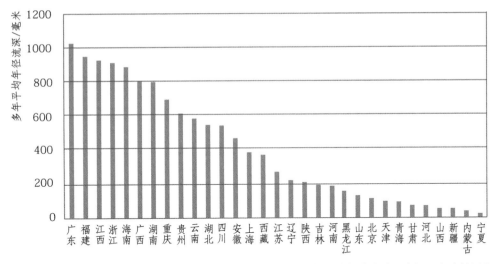

▲ 各省级行政区年径流深图（1956—2000年多年平均）（未计香港、澳门、台湾地区）

折合年径流深75毫米；山丘区径流深为平原区的5倍左右。北方地区多年平均年径流深77毫米；南方地区多年平均年径流深667毫米，是北方地区的8倍多。

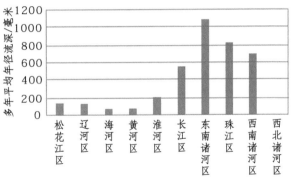

▲ 各水资源一级区多年平均年径流深

年径流深的分布受降水、地形、地质、土壤植被以及人类活动等条件的综合影响，既有地带性变化和垂直变化规律，也有局部地区的特殊变化情况。我国河川径流的地带分布趋势基本上与降水量相似，但其不均匀性比降水量更为突出，年径流深分布总的趋势是由东南地区的2000毫米向西北地区递减至5毫米。

全国多年平均年径流系数（年河川径流量与年降水总量的比值）为0.44，即44%的降水转化为河川径流。南方地区多年平均年径流系数为0.55，北

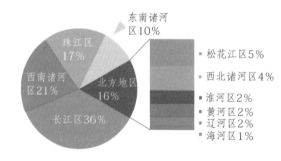

▲ 各水资源一级区地表水
资源量占比

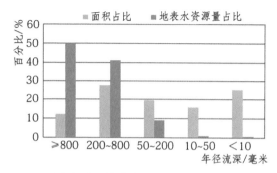

▲ 不同年径流深地带的面
积及地表水资源量占比

方地区为 0.22，前者为后者的 2.5
倍；全国山丘区平均年径流系数
为 0.48，平原区为 0.22，前者
为后者的约 2.2 倍。

2. 年际变化

河川径流的年际变化主要取
决于降水的年际变化，同时还受
到径流的补给类型、河流大小以
及岩性、地貌、土壤、植被等流
域下垫面条件的影响。

各条河流不同水文站的年径
流极值比（历史系列年径流量最
大值与最小值的比值）差异很大，
长江以南一般在 5 倍以下，长江
以北可达十几倍。以冰川融水补
给为主的河流的年径流极值比一般较小，如新疆伊
犁河等。

3. 年内分配

在年内分配方面，径流年内分配与降水基本一
致，主要集中在夏季，大多数测站夏季径流量占全
年的 40% ~ 60%，西北诸河、海河年径流量的集中
程度更高，部分测站达 70% ~ 80%。

由于冬季降水量普遍较少，河川径流量主要靠
地下水补给，因此在全年径流量中所占的比重较小，
松花江区、辽河区大多数测站在 3% 以下，南方地区
大多数测站在 7% ~ 11%。

受径流补给源和下垫面条件的共同影响，我国

北方和西北部分地区径流的年内分配常常与降水过程不完全对应：北方部分河流由于冬季严寒，降雪及一部分水量积存或冻结在流域内，次年气温升高形成春汛，使得径流年内分配过程线呈现双峰；西北内陆河部分河流，由于冰雪融水补给所占比重较大，年径流主要集中在高温期的7—8月；北方有些干旱少雨、地面下渗能力强的地区，部分河流径流主要靠地下水补给，除冬季因结冰水量较少外，其余各月径流量分配比较均匀。

4. 变化趋势

受全球气候变化和人类活动加剧等共同影响，21世纪以来我国地表水资源量演变呈现出显著的地带性特点。与1956—2000年地表水资源量比较，西北地区和东部部分地区2001—2020年地表水资源量显著增加；华北及其北部地区地表水资源量显著减少，并与我国中部及西南的部分地区连接，形成一条介于西北地区和东南沿海地区之间的、东北—西南走向的地表水资源衰减带，具体表现为西南大旱频发以及海河、辽河、黄河中上游河流来水减少等。

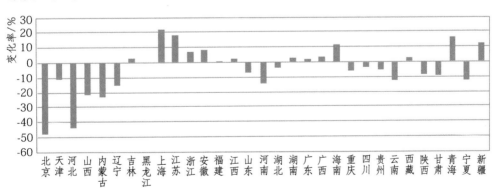

▲ 各省级行政区2001—2020年与1956—2000年多年平均年地表水资源量比较（未计香港、澳门、台湾地区）

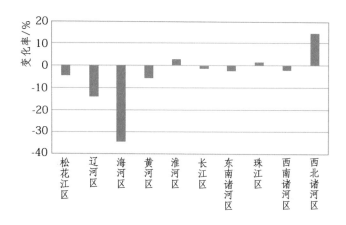

▲ 各水资源一级区 2001—2020 年与 1956—2000 年多年平均
年地表水资源量比较

三、流量观测

由于大江大河和小河沟不胜其数，且径流过程受到人类活动取用水的干扰，因而河道流量观测不能完全覆盖每条河流。实测的流量受到人类取用水影响，不能直接代表降水形成的天然河川径流量，而是需要经过推算、还原、修正等专业计算才能实现对地表水资源的评价。但是，河道流量观测仍是流域地表水资源评价的重要基础。

水文站是观测河流、湖泊、水库等水体的水文、气象资料的基层机构，观测项目一般包括水位、流量、泥沙、降水、蒸发五大类，部分站点还兼有断面污染取样。在一定的观测精度需求和有限的经济承受能力条件下，水文站网并非越密越好，而是受代表性、控制流域面积等因素的影响。

随着技术手段的不断进步，水文监测设备逐步自动化和智能化（如超声波多普勒流量计等），但是目前全国多数测站仍需人工值守，主要是在平直河段设置监测断面，并根据流速测量结果结合过流面积推算断面流量数值，特别是对较大洪水过程的监测仍多采用人工值守。

随着高清视频监控、高速网络传输、远程操控测验等基础设施和技术的普及，水利信息现代化水平逐步提升，将实现水文站"有人看管、无人值守"的管理模式。

▲ 技术人员开展水文测验

◎ 第四节 入渗补给地下水

一、定义

狭义的地下水是指赋存于地表面以下岩土孔隙、裂隙、溶隙中的饱和重力水。广义的地下水不仅包括饱和带中的水，也包括包气带（地面以下、潜水面以上的地带）中的水。当前对地下水资源的评价主要是针对狭义的地下水。

全国水资源调查评价对浅层地下水资源数量、质量和可开采量及其动态变化特征进行了全面评价，其中评价的地下水资源量是指浅层地下水中矿化度 $M \leqslant 2$ 克／升、参与水循环且可以逐年更新的动态水量。

二、我国的地下水资源格局

1. 地下水资源量及其分布

我国矿化度 $M \leqslant 2$ 克／升的浅层地下水总计算

面积为 845 万千米^2，多年平均年地下水资源量为 8219 亿米^3。我国地下水资源量的地区分布，既受大气降水以及地形地貌影响，也受地表水体分布、水资源开发利用程度和地表水用水水平的影响，还受包气带岩性特征、地下水埋深及植被条件等因素的影响。南方地下水资源模数普遍大于北方，平原区普遍大于山丘区。

通常用地下水资源模数（即某一区域地下水资源量除以该区面积）用来表示地下水的丰沛程度。南方地区由于降水丰沛、地下水补给来源充足，平均地下水资源模数为 17 万米^3/ 千米^2；北方地区平均地下水资源模数为 5 万^3/ 千米^2，仅为南方地区的约 29%。

平原区是我国地下水资源富集区，平原区平均地下水资源模数普遍大于其周围的山丘区。北方平原区矿化度 $M \leqslant 2$ 克 / 升的地区平均地下水资源量模数为 9.2 万米^3/ 千米^2，而北方山丘区平均地下水资源量模数仅为 3.9 万米^3/ 千米^2；南方平原区矿化度 $M \leqslant 2$ 克 / 升地区年均地下水资源量模数为 23.9 万米^3/ 千米^2，而南方山丘区平均地下水资源量模数为 16.7 万米^3/ 千米^2。

小贴士

泉

泉是地下水天然出露至地表的水流，在山区及山前地带较为普遍，平原地区罕见。

根据水流状况的不同，可以分为间歇泉和常流泉。根据含水层孔隙性质不同，可分为孔隙泉、裂隙泉和岩溶泉。

知识拓展

地下水重要性

地下水既是人类经济社会用水的重要水源之一，也是枯水期河道基流的重要来源。

由于地表水和地下水之间存在水力联系，当丰水期河道水位高于地下水水位时，河水可以补给地下水；当枯水期河道水位低于地下水水位时，地下水可以补给河水，使河道基流得到保障，在无降雨的时段河流不至于断流。

过量抽取地下水会引起地下水位下降，河道基流丧失，并带来地面沉降、沿海地区海水入侵等问题。不合理的矿产资源开采可能造成地下含水层破坏，导致区域地下水流失、水质恶化、泉水枯竭等。

值得注意的是，地下水位并非越高越好。由于地下水具有一定的矿化度，若地下水位较高，受毛细作用和蒸发影响，土壤中会残留过多盐分，导致土壤盐渍化，使土地生产力和土壤结构退化。

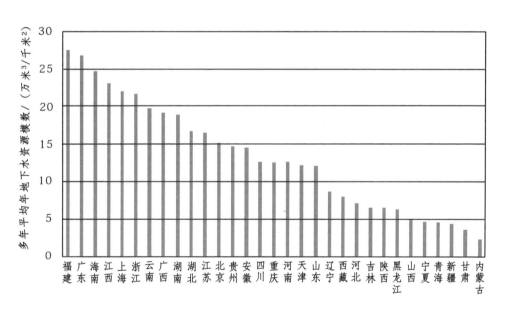

▲ 各省级行政区多年平均年地下水资源模数（1980—2000 年）
（未计香港、澳门、台湾地区）

2. 地下水与降水和地表水的转化关系

地下水与降水和地表水之间的转化关系，与地下水的补给、径流和排泄条件密切相关。

在我国地下水资源量中，扣除分区之间的重复水量，地下水资源量的 95% 由降水补给形成，5% 由地表水体补给形成。山丘区地下水资源量全部由当地降水直接补给形成；平原区约 58% 的地下水资源量由当地降水直接补给形成，36% 由地表水体补给形成，其余为山前侧渗补给形成。

从地下水的排泄来看，山丘区高达 96.9% 的地下水通过河川基流排泄，只有 1.4% 通过开采和山间河谷平原的潜水蒸发排泄，另有 1.7% 通过山前侧向流出量排泄；平原区总排泄量中，有 41.6% 通过潜水蒸发排泄，21.8% 通过河道排泄，34.8% 通过开采排泄，1.8% 通过侧向流出量排泄。

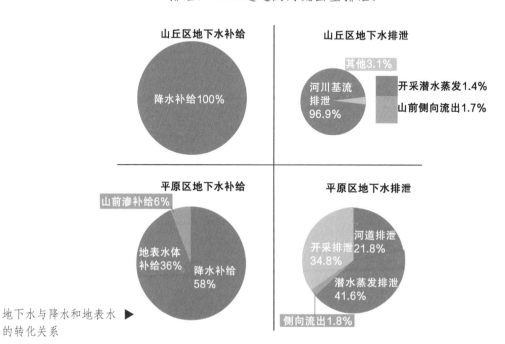

地下水与降水和地表水的转化关系

三、地下水的监测

地下水观测井是用以观测地下水位或监测地下水开采量、水质、水温等的水井。国家地下水监测工程建设启动于 2015 年 6 月，共建设完成 20469 个监测站点，由自然资源部和水利部共同建设。

▲ 陕西省华阴市华山城子监测站点

自然资源部建设完成 10171 个监测站点，试运行结果表明，水位水温自动监测数据到报率保持在 95% 以上，每年产生 8900 余万条水位水温数据，水质测试指标从 35 项扩展到 97 项，工程总体运行平稳。所获全国水质监测数据已应用于并将持续服务于我国地下水保护、国土空间规划和水资源管理，为地下水资源与环境科学研究提供数据基础。

水利部建设完成 10298 个地下水自动监测站，填补了南方地下水监测站网的空白，北方主要平原区站网密度显著提高。建成了技术领先、功能完善，覆盖国家、流域、省、地市四级中心的国家地下水监测系统，实现了全国监测数据自动采集传输、接收处理、交换共享、分析评价等全业务流程信息化。工程取得的监测数据和分析评价成果已在华北地下水超采综合治理、河湖地下水回补试点、南水北调工程生态评价等工作中发挥了积极作用。

◎ 第五节 地表地下总量汇

一、定义

水资源是地表和地下可供人类利用又可更新的水。通常指较长时间内保持动态平衡，可通过工程措施供人类利用，可以恢复和更新的淡水。

水资源总量由两部分组成：第一部分为河川径流量，即地表水资源量；第二部分为降雨入渗补给地下水而未通过河川基流排泄的水量，即地下水与地表水资源计算之间的不重复计算水量。

小贴士

地表水与地下水在计算时的重复量

由于天然联系或人为影响，降水、地表水、土壤水和地下水之间存在相互转化，特别是地表水与地下水之间的转化较为频繁。按照现行的水资源调查评价方法，地表水资源和地下水资源在各自评价过程中均包含了降水入渗后通过地下水力联系补给河道而形成的河川基流，因此在进行水资源总量评价时，需要扣除这部分重复计算水量。

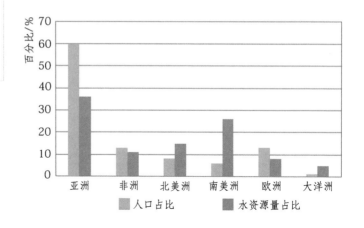

各大洲水资源量占比和 ▶
人口占比

二、世界水资源

全球陆地水资源总量约为 55 万亿米^3。从地域来看，亚洲水资源量占全球水资源总量的 36%，其次是南美洲，水资源量约占全球水资源总量的 1/3。从国家和地区来看，巴西、俄罗斯、加拿大、中国、美国、印度尼西亚、印度、哥伦比亚和刚果等 9 个国家的水资源量占了世界淡水资源量的 60%。

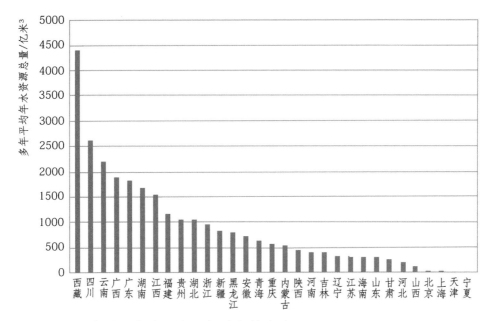

▲ 各省级行政区多年平均年水资源总量（1956—2000 年）（未计香港、澳门、台湾地区）

亚洲和非洲是全球水资源相对紧缺的地区，面临更多水资源问题。特别是亚洲的以色列、约旦等国家，人均水资源量小于 500 米³，非常缺水。

三、我国的水资源总量格局

1956—2000 年 45 年间，全国多年平均年地表水资源量为 27375 亿米³，地下水与地表水资源不重复计算水量为 1037 亿米³，全国多年平均年水资源总量为 28412 亿米³。如果折算成一个巨大的水球，那么其直径将近 18 千米。

从地域分区来看，北方地区多年平均年水资源总量为 5259 亿米³，占全国的 18.6%；南方地区多年平均年水资源总量为 23153 亿米³，占全国的 81.4%。

从地形分区来看，山丘区多年平均年水资源总量为 25578 亿米³，约占全国的 90%，平原区多年平均年水资源总量为 2834 亿米³，约占全国的 10%。

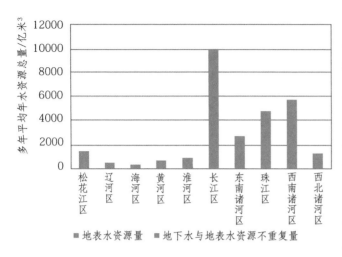

纵轴：多年平均年水资源总量/亿米³

横轴：松花江区 辽河区 海河区 黄河区 淮河区 长江区 东南诸河区 珠江区 西南诸河区 西北诸河区

■地表水资源量 ■地下水与地表水资源不重复量

▲ 各水资源一级区多年平均年水资源总量构成（1956—2000年）

从水资源总量构成来看，地表多年平均年水资源为 27375 亿米³，占水资源总量的 96.3%，地下水资源量与地表水资源量的不重复计算水量为 1037 亿米³，占水资源总量的 3.7%。北方地区由于地下水开发利用程度普遍较高，地下水开发引起的潜水蒸发和河川基流量大，因此地下水与地表水资源的不重复计算水量较大，为 894 亿米³；南方地区为 143 亿米³。

南方地区地表水资源占其水资源总量的 99.4%，地下水资源量占其水资源总量的 24.9%，不重复计算水量仅占水资源总量的 0.6%，地下水资源量基本都是与地表水资源量的重复量。北方地区地表水资源量占其水资源总量的 83.0%，地下水资源量占其水资源总量的 46.8%，不重复计算水量占水资源总量的 17.0%。

按产水系数（评价范围内水资源总量与其相应降水量的比值）来看，全国多年平均产水系数为 0.46，其中，北方地区多年平均产水系数为 0.26，南方地区多年平均产水系数为 0.55。多年平均产水系数最大的为西南诸河区（0.63），最小的为黄河区（0.20）。

按产水模数（单位面积产生的水资源总量）来看，全国多年平均产水模数为 29.89 万米³/千米²，其中山丘区多年平均产水模数为 37.44 万米³/千米²，平原区为 10.60 万米³/千米²，山丘区为平原区的约

84

3.5 倍。北方地区多年平均产水模数为 8.68 万米^3/千米^2，南方地区多年平均产水模数为 67.10 万米^3/千米^2，南方为北方的约 7.7 倍。

水资源总量由地表水资源量和地下水与地表水资源不重复计算水量两部分组成，其年际变化大体与降水、地表水资源一致。

四、我国的水资源禀赋条件

我国水资源总量大，但是人均、亩均水资源量小，且水资源分布与人口、耕地、能源分布不匹配。全国人均占有水资源量约 2000 米^3，不足世界平均水平的 1/3；耕地亩均占有水资源量约 1500 米^3，显著低于世界平均水平。

在空间格局方面，水资源分布与经济社会格局不匹配。海河平原等人口稠密地区人均占有水资源量不足 500 米^3；东北平原、黄淮海平原、汾渭平原、

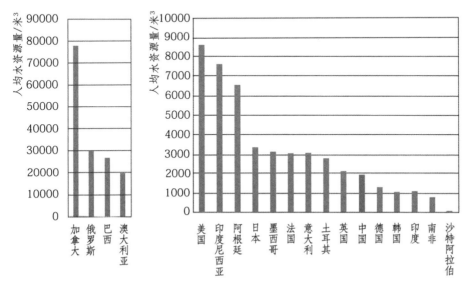

▲ G20 国家人均水资源量

[注：数据来源于联合国粮农组织（FAO）全球水信息系统（AQUASTAT）]

河套灌区等粮食主产区耕地亩均占有水资源量不足300米³；内蒙古、山西、陕西、新疆等煤炭生产大省（自治区），原煤产量超过全国的70%，但水资源总量不足全国的7%。

在时间分配方面，全国大部分地区降水和水资源的年内分配不均。尽管总体来说我国气候雨热同季，对农业生产有利，但是全年60%～80%的降水量和地表水资源量集中在汛期，北方部分地区甚至达到了90%，为水资源调控带来了极大的难度。

知识拓展

水资源新概念

随着经济社会发展，人类对水资源的需求持续增长，世界各国也逐渐认识到水资源可持续利用的重要性。因此，为了更加合理地开发利用水资源，维持人与自然之间的平衡，水文水资源学科和水资源管理实践在随着形势和认识的变化而发展，对水资源的认识也在不断深化。除了传统的、更多考虑人类开发利用而进行评价的地表水资源量、地下水资源量等概念之外，基于对水循环全过程的研究以及对人与自然命运共同体的认同，涵盖自然生态环境系统和人类经济社会系统的全口径水资源评价越来越受到重视，随之也产生了一些水资源方面的新概念。

1. 蓝水、绿水

当前，水资源的研究不仅关注可为经济社会直接取用的蓝水资源，同时关注对维系粮食生产和生态系统健康具有重要作用的绿水资源。

随着研究的不断开展，蓝水和绿水的相关定义和内涵也在不断地发展和完善。学术界关于蓝水的定义比较一致，其系由降水所形成的，赋存于河流、湖泊和含水层中的可逐年更新的水资源，即把蓝水定义为径流性资源。对绿水的定义并不完全一致，可分为两种：第一种定义是绿水流，侧重绿水的物质性，将绿水定义为林地、草地、农田、水面、湿地等下垫面类型上返回大气的蒸散流；第二种定义是绿水储量，更加侧重绿水的资源性，将绿水定义为源于降水、赋存于土壤层、为植物生长所利用、以植物散发形式返回大气的水流。

有一种说法是，蓝水是看得见的水资源，绿水是看不见的水资源。这种说法虽然并不严谨，但也在某种程度上较为通俗地说明了两个概念的区别。在适宜地区大力发展雨养农业，减少农业灌溉用水，即是对绿水资源合理利用的一个例子。

2. 虚拟水、水足迹

20世纪80年代，英国学者Allan首次提出通过进口粮食或其他农产品等水密集型产品来减少对本国或本区域天然水资源的消耗，从而缓解贫水地区的水资源压力。这种思路从而提出了虚拟水贸易的雏形，不过当时称之为嵌入水（embeded water），意为隐含在商品或者服务中的水分。

20世纪90年代，在进一步深化研究的基础上，Allan提出了虚拟水（virtual water）的概念，用以衡量经济社会系统生产商品以及提供服务过程中所消耗的水资源数量。虚拟水理论的提出为水资源管理和供需安全战略提供了新的思路。

21世纪初，荷兰学者Hoekstra提出了水足迹的概念，进一步完善和发展了虚拟水理论，将经济社会耗用的水资源凝结在具体的商品或者服务的产业链中，可以真实地反映经济社会活动单元（人、地区、国家或者商品）对水资源的需求和占用情况。经过深入拓展，水足迹理论将产品或者服务对水资源的消耗基本上分为绿水足迹、蓝水足迹和灰水足迹。不同水足迹分量可以表征对不同类水资源形式的占用以及对水环境的影响。

虚拟水理论和水足迹理论是一脉相承的理论，它们的提出与发展揭示了水资源作用于经济社会的效用本质，是一种新的水资源观，对气候变化和全球化背景下的水安全保障及经济社会可持续发展具有重要意义。

（a）染布的过程　　　　　　（b）造纸的过程

▲ 在物品生产过程中用掉的水称之为虚拟水

第四章

河湖健康水质量

水的质量是指水体中所含物理成分、化学成分、生物成分的综合。水的质量决定着水的用途和利用价值，不同的供水水质满足生活用水、工业用水和农业用水等不同水质要求的需要。水资源既要有充足的水量，也要有符合标准的水质；如果水量充足，但水质不达标，则需经处理后方可作为供水水源；如果水量不足但水质较好，可作为小型供水或分散供水水源。

▲ 南水北调中线水源地丹江口水库水质常年在国家Ⅱ类以上标准

◎ 第一节 质量判别订标准

一、污染来源

造成水污染的污染物主要来源于工业废水、生活污水、农田排水，以及通过其他途径进入水体的有毒、有害物质。

1. 工业废水

工业废水是工业生产过程中排放的废水、废液。工业废水成分复杂，往往含有大量有毒、有害物质，一般可以分为以下三种类型。

（1）含无机物的工业废水。这类工业废水主要是冶金、建材、无机化工等工业企业排放的废水。

（2）含有机物的工业废水。这类工业废水主要是食品、塑料、制革、炼油、石油化工等工业企业排放的废水。

（3）兼含无机物和有机物的工业废水。这类工业废水主要是炼焦、化肥、造纸、合成橡胶、制药、人造纤维等工业企业排放的废水。

2. 生活污水

生活污水是指居民日常生活中排出的废水，主要来源于居住建筑和公共建筑。生活污水的成分比较复杂，可以分为悬浮物质和溶解物质两大类。

（1）悬浮物质。生活污水的悬浮物质一般含有泥沙、矿物质、各种有机物、胶体以及淀粉、糖、纤维素、蛋白质、脂肪、油类、洗涤剂等高分子物质。

（2）溶解物质。生活污水中的溶解物质主要有各种氮化合物、磷酸盐、硫酸盐、氯化物、尿素和其他有机物分解后的产物。

此外，生活污水还含有多种微生物、细菌和病原体等。

▲ 大型灌区中的排水沟

3. 农田排水

农田排水是指农田灌溉水通过土壤渗透或通过排水通道进入地表水或地下水体的农业退水。在原始农业状态下，农田排水只是将土壤中的盐分和有机物带入地表水或地下水水体。在现代农业生产中，由于化肥和农药的大量使用，溶解在水中或残留在土壤中的化肥和农药就会随着农田排水进入地表水体或地下水体。现代大型禽畜养殖场也会把大量禽畜粪便和其他有机物输入地表和地下水体。此外，坡耕地的土壤流失会把大量的泥沙、盐分、矿物质和有机物带入江河湖库。

二、污染源的类型

1. 点源污染

点源污染一般指有确定的空间位置、污染物数量大且比较集中的污染源；可以是一座城市、一个大型工矿企业、一个大型养殖场，也可以是一个具体的排污口。点源污染量大而集中，易于形成比较集中的污染区、污染带，是水体、水域污染的主要来源。点源污染比较容易监测和控制。

2. 面源污染

面源污染也叫非点源污染，一般没有确切的空间位置，污染物以相对分散的方式进入地表水或地下水水体，难以监测和控制。面源污染主要来自农田排水和江河湖库周边地表堆积的各种垃圾和有害有毒物质，在大风、暴雨和洪涝灾害的作用下，上述污染物质会进入水体，污染水环境，主要污染物有氮、磷、农药等。由于面源污染范围大而分散，定量监测和污染防治都比较困难。目前面源污染大致已占污染总量的一半。

▲ 农田大量使用化肥和农药造成面源污染

▲ 太湖生态清淤提升水质

3. 内源污染

内源污染是指污染物进入水体后，经过长期的积累、沉淀、附着，缓慢而持久地向水体扩散有毒有害物质，形成水环境的二次污染。内源污染比面源污染更难于监测和防治，一般只能通过清淤挖除底泥予以消除，但治理成本十分昂贵。

三、水质指标

水质指标用来表征水中杂质和污染物的种类与数量，一般分为物理指标、化学指标和生物指标三类。

1. 物理指标

物理指标主要包括水温、悬浮物、浊度、透明度、电导率以及放射性指标和色、嗅、味等。

2. 化学指标

化学指标包括以下五类：

（1）酸碱度（pH值）、矿化度等一般化学指标。

（2）DO、BOD、COD、TOD等氧指标体系，用于衡量水中有机污染物的多少，也有采用总碳、总有机碳等碳指标体系。

（3）氨氮、亚硝酸盐氮、硝酸盐氮、总氮、总磷、硝酸盐等指标，用于衡量水中营养物质的多少及有机物污染程度。

（4）汞、镉、铅、铬、铜、锌、锰等金属元素及其化合物的指标，用于衡量水体中重金属污染的程度。

（5）挥发酚、氰化物、油类、氟化物、硫化物、有机农药及多环芳烃等致癌物质的指标。

▲ 水质监测实验室

3. 生物指标

生物指标主要包括细菌总数、大肠菌群等微生物指标，用于衡量水体受致病微生物污染的程度。

四、地表水质量标准

依照《地表水环境质量标准》(GB 3838—2002) 中的规定，我国将地表水质量分为五大类：

Ⅰ类：主要适用于源头水、国家自然保护区。

Ⅱ类：主要适用于集中式生活饮用水、地表水源地一级保护区，珍稀水生生物栖息地、鱼虾类产卵场、仔稚幼鱼的索饵场等。

Ⅲ类：主要适用于集中式生活饮用水、地表水源地二级保护区，鱼虾类越冬、洄游通道，水产养殖区等渔业水域及游泳区。

Ⅳ类：主要适用于一般工业用水区及人体非直接接触的娱乐用水区。

Ⅴ类：主要适用于农业用水区及一般景观要求水域。

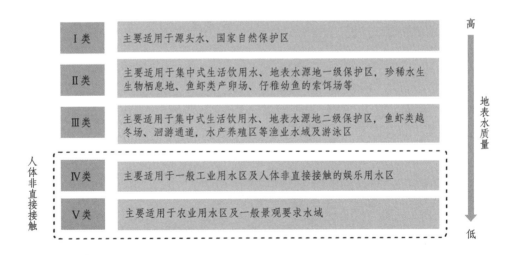

▲ 地表水质量分类

◎ 第二节 水质本底缘自然

一、地表水化学特征

地表水化学特征指未受人类活动影响或影响较小的天然水化学状况。受降水等因素影响，全国地表水矿化度由东南向西北逐渐升高，大部分地区地表水矿化度基本能够满足生活和工农业生产的要求。

根据我国第二次水资源调查评价成果，小于100毫克/升为极低矿化度水、100～300毫克/升为低矿化度水、300～500毫克/升为中等矿化度水、500～1000毫克/升为较高矿化度水、大于1000毫克/升为高矿化度水，以上各等级矿化度水的分布面积比例分别为7.8%、39.0%、21.6%、18.6%和13.0%。

我国总硬度小于150毫克/升的软水和极软水面积占42.0%，150～300毫克/升的适度硬水占33.5%，300～450毫克/升的硬水占11.3%，大于450毫克/升的极硬水占13.2%。

根据阿列金分类法，我国地表水以重碳酸盐类水分布面积最广，约占全国总面积的78%。陕甘宁黄土高原、海河平原盐渍土地区、沿海非石质性海岸段河水以及局部受盐湖影响的河流，大多数为氯化物或硫酸盐类水，分布面积分别占全国面积的17%和1%。我国优势阳离子为钙质的地表水，分布面积占 67%；其次为钠质（钾加钠），占 31%；另有少量镁质，占 2%。

二、地下水化学特征

地下水水质评价重点是平原区，这些地区是我国地下水的主要开发利用区，也是城乡居民生活和生产活动集中的地区，同时，又是地下水水质问题比较突出的地区。地下水水质的评价包括水化学基本特征分析、现状水质评价和由于人为因素造成的地下水污染评价。

根据我国第二次水资源调查评价成果，除沿海一些受海水入侵影响的地区外，总体上，我国地下水矿化度东南沿海地区低，西北干旱区相对较高，但地下水存在明显的区域性规律，在一个完整的水文地质单元中，普遍存在由低向高的演变规律。全国平原区(包括淡水及咸水区)63.6% 的地下水评价面积是矿化度小于等于 1 克／升的淡水分布区；矿化度 1～2 克／升的面积占 21.2%；矿化度 2～3 克／升的面积占 6.3%；矿化度 3～5 克／升的半咸水面积占 4.3%；矿化度大于 5 克／升的咸水面积占 4.6%。矿化度大于 2 克／升的地下水难以直接利用，其面积占评价面积

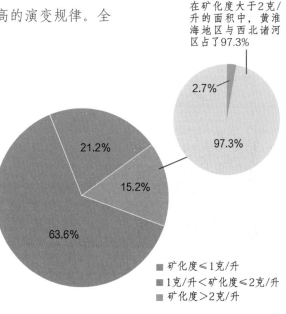

在矿化度大于2克/升的面积中，黄淮海地区与西北诸河区占了97.3%

2.7%

97.3%

21.2%

15.2%

63.6%

■ 矿化度≤1克/升
■ 1克/升<矿化度≤2克/升
■ 矿化度>2克/升

▲ 地下水矿化度面积构成示意图

重碳酸型水

地下水化学类型的舒卡列夫分类是根据地下水中6种主要离子（Na^+、Ca^{2+}、Mg^{2+}、HCO_3^-、SO_4^{2-}、Cl^-）及矿化度划分的。重碳酸型水是水中阴离子细分主要是 HCO_3^- 类型的水。

的 15.2%。高矿化度地下水主要分布在西北诸河区、海河区、淮河区和黄河区，其矿化度大于 2 克/升的面积占全国矿化度大于 2 克/升面积的 97.3%。

除地域性变化规律外，总体上，我国平原区地下水总硬度呈现东南向西北增高的变化趋势。全国平原区地下水总硬度大于 450 毫克/升的面积占 25%，北方地区所占比例明显高于南方，其中，黄淮海平原总硬度大于 450 毫克/升的面积占其平原区面积的 39%。

根据舒卡列夫分类法，我国平原区地下水主要以重碳酸型水和重碳酸硫酸氯化物型水为主，其分布面积占地下水总评价面积的 76%。其中，重碳酸型水分布面和占全国评价面积的 40%，水质优良；硫酸型和氯化物型水分布面和占 25%，水质较差，主要分布在西北诸河区、海河区和黄河区的部分地区。

▲《寂静的春天》由美国科普作家蕾切尔·卡逊创作，描写因过度使用化学药品和化肥而给人类带来的生态环境灾难

◎ 第三节 河湖质量看现状

人类活动对于水体的污染不是从今天开始的，早在工业化之前，人类的生产生活废弃物排入水体，就造成了水体污染。由于水体具有自净能力，因而在一定程度上缓解了水体的污染，加之当时人类造成的污染范围小、数量少，未引起人类的注意。随着人口的增加和工业化程度的提高，水体污染越来

越严重，这一问题才逐渐为人们重视。20 世纪后半叶以来，人口剧增，城市扩张，工业迅速发展，农田大量使用农药化肥，使得油类、重金属、酸、碱、放射性物质、氟化物和苯酚、醛等人工合成物质大量进入水循环系统，人口密集的城市居民最先受到水体污染之害。

水资源一级区	评价河长 / 千米	分类河长占评价河长百分比 /%						
		Ⅰ类	Ⅱ类	Ⅲ类	Ⅳ类	Ⅴ类	劣Ⅴ类	Ⅰ～Ⅲ类
全国	262364.2	8.7	51	21.9	8.7	4.2	5.5	81.6
松花江区	16633.1	1.4	20.6	53.1	9.7	8	7.2	75.1
辽河区	5519.2	1.4	21.6	36.7	14.3	6.5	19.5	59.7
海河区	15495.3	2.1	25.5	15	17.4	15	25	42.6
黄河区	23043.1	11.9	44.1	17.8	8.7	5.2	12.3	73.8
淮河区	24431.8	0.8	17.8	42.2	23.2	9.3	6.7	60.8
长江区	85897.9	7.2	61.2	19.7	7.6	2	2.3	88.1
其中：太湖流域	6219.3	0	10.1	32.4	40	11	6.5	42.5
东南诸河区	14340.8	8.1	62.1	21.7	6	0.8	1.3	91.9
珠江区	32491.7	4.6	65.6	16.8	6.3	3	3.7	87
西南诸河区	21085.5	11.6	72	13.2	2.5	0.2	0.5	96.8
西北诸河区	23425.8	34.5	54.3	6.6	0.3	2.4	1.9	95.4

注 数据来自 2018 年《中国水资源公报》。

▲ 2018 年各水资源一级区河流水质状况

一、河流水质

2018 年，对全国 26.2 万千米的河流水质状况进行了评价，Ⅰ～Ⅲ类水河长占总河长 81.6%，Ⅳ～Ⅴ类水河长占 12.9%，劣Ⅴ类水河长占 5.5%，主要污染项目是氨氮、总磷、化学需氧量；与 2017 年同比，Ⅰ～Ⅲ类水河长比例上升 1.0 个百分点，劣Ⅴ类水河长比例下降 1.3 个百分点。

二、湖泊水质

2018 年，我国对 124 个湖泊共 3.3 万千米^{2}水面进行了水质评价。全年总体水质为Ⅰ～Ⅲ类的湖泊有 31 个，Ⅳ～Ⅴ类湖泊有 73 个，劣Ⅴ类湖泊有 20 个，分别占评价湖泊总数的 25.0%、58.9% 和 16.1%。主要污染项目是总磷、化学需氧量和高锰酸盐指数。121 个湖泊的营养状况评价结果显示，中营养湖泊占 26.5%；富营养湖泊占 73.5%。

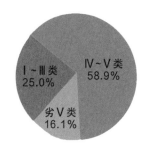

▲ 2018 年 124 个湖泊水质评价结果示意

与 2017 年同比（水质同比 123 个湖泊，营养状态同比 116 个湖泊），Ⅰ～Ⅲ类水质湖泊的个数比例下降 1.6 个百分点，劣Ⅴ类水质湖泊的个数比例下降 3.3 个百分点，富营养湖泊比例下降 1.7 个百分点。

三、水库水质

2018 年，对全国 1129 座水库进行了水质评价，其中大型水库 379 座、中型水库 598 座和小

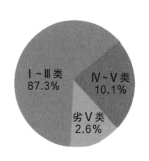

▲ 2018 年 1129 座水库水质评价结果示意

型水库 152 座。全年总体水质为Ⅰ~Ⅲ类的水库有 986 座，Ⅳ~Ⅴ类水库 114 座，劣Ⅴ类水库 29 座，分别占评价水库总数的 87.3%、10.1%、2.6%。主要污染项目是总磷、高锰酸盐指数和 5 日生化需氧量。其中大型水库Ⅰ~Ⅲ类及劣Ⅴ类的个数占比分别为 89.5% 和 1.3%。1097 座水库营养状况评价结果显示，中营养水库占 69.6%，富营养水库占 30.4%。

与 2017 年同比（水质同比 1054 座水库，营养状态同比 1025 座水库），Ⅰ~Ⅲ类水质水库个数比例上升了 1.5 个百分点，劣Ⅴ类水质水库个数比例持平；富营养状态水库个数比例上升 3.1 个百分点。

四、总体质量状况

根据第二次水资源调查评价，21 世纪初，我国地表水体和地下水体污染十分严重。在全国评价的约 29 万千米河长中，有 34% 的河长河流水质劣于Ⅲ类，主要位于江河中下游和经济发达、人口稠密的地区；其中太湖流域和淮河区、海河区接近或超过一半的评价河长水质劣于Ⅴ类，水污染十分严重。在 84 个进行富营养评价的代表性湖泊中，40 个湖泊呈中营养状态，44 个湖泊为富营养状态。评价的 633 座代表性水库以中富营养状态为主。在 197 万千米^2 的平原区中，浅层地下水水质为Ⅳ类、Ⅴ类的面积占 63%，其中由于人为因素污染造成地下水质变差的约占 26%，"三氮"污染问题尤为突出。

造成我国地表水和地下水严重污染的主要原因

小贴士

富营养评价

水体富营养化指水体中 N、P 等营养盐含量过多而引起的水质污染现象。按照营养状态评价标准（EI），可分为贫营养、中营养和富营养：

贫营养：$0 \leq EI \leq 20$。
中营养：$20 < EI \leq 50$。
富营养：$50 < EI \leq 100$。

小贴士

"三氮"污染

氮是一种生物活性元素。当氮以氨氮、亚硝酸盐氮及硝酸盐氮存在于地下水时，可构成对饮用水的污染，即所谓的"三氮"污染。

是点源污染不断增加，但处理程度低；非点源污染问题日渐突出，缺乏有效的防治。改革开放以来，我国农业生产、畜禽养殖、农村居民点、城市数量与规模均有很大的发展，由农田径流、畜禽养殖、农村居民点、水土流失和城市径流等引起的非点源污染大幅度增加。

水质恶化和水体功能丧失，将对供水安全构成严重的威胁，对居民生活、工业和农业发展造成严重的影响。

党的十八大以来，我国全面加强水生态保护修复，31 个省份全部建立了河长制湖长制，全国水功能区水质达标率由 2012 年的 63.5% 提高到 2020 年的 88.9%，水生态环境得到逐步改善。我国坚持节水优先，实行最严格的水资源管理制度，水资源利用效率和效益逐步提高。我国以占全球 6% 的淡水资源保障了全球 20% 的人口用水，创造了世界 17% 的经济总量。

◎ 第四节 生态需水要保障

生态需水指特定的生态系统为维持其原有状态、原有功能和良性循环对水量和水质的基本需求。如果这一基本需求得不到满足，生态系统的原有状态就会发生劣变，原有生态功能就会衰减，良性循

环就会受到破坏。生态需水
又称生态与环境需水。生态
需水可分为两部分：一是为
维持生物系统的生存、生长
所需要的水，包括动物饮用、
植被光合作用过程中的蒸腾、
蒸发等，这一部分生态需水
称为"绿水"；二是为补充
湖泊、湿地的渗漏和水面蒸
发的水量以及维持河流、湖

植物光合作用
动物饮用
蒸发
水化学平衡
水盐平衡
水沙平衡
地下含水层循环

▲ 生态需水包括"绿水"
和"蓝水"

泊的水盐平衡、水沙平衡、水化学平衡和维持地下
含水层正常循环所需的水量，称其为"蓝水"或环
境需水（详见第86页知识拓展）。

生态环境的不断恶化及其严重危害性，使人们
进一步认识到人与自然和谐相处、维持江河健康生
命的重要性、必要性和紧迫性。特别是进入21世
纪以来，我国已确立了"以人为本，全面、协调和
可持续"的科学发展观，把保护和恢复生态环境、
保障最基本的生态环境用水放在突出位置，采取了
一系列重大举措，取得了显著的生态环境效益。

一、主要水生态问题

1. 河流断流

河流断流是河流实际流量减小的极端情况，通
常认为河流某一断面过水流量为零时，即出现河流
断流现象。长期断流会导致河流、河口三角洲、内

▲ 2007年黄河山东滨州段

（a）过去的青土湖

（b）如今的青土湖

▲ 石羊河下游青土湖20世纪50年代末开始萎缩干涸，如今经过生态修复得以部分恢复

陆河末端尾闾湖等生态系统的恶化和破坏。根据我国第二次水资源评价，对1143条（总长度为29万千米）天然情况下基本不断流的大江大河干流及其重要支流断流情况的调查分析，河流断流主要发生在北方地区。北方地区调查的514条河流（总长度13万千米）中，2000年有49条河流（其河流总长度为21049千米）发生断流，断流河段总长度7428千米，占断流河流总长度的35%。河流断流情况以海河区、辽河区和西北诸河区最为严重，其断流河段长度分别占其断流河流总长度的51%、39%和33%。

2. 湖泊萎缩

20世纪50年代以来，由于不合理开发水土资源、入湖水量减少、泥沙淤积和盲目围垦等多种原因，全国面积大于10千米^{2}的600多个湖泊中，有140多个湖泊萎缩，有89个湖泊完全干涸，萎缩和干涸的总面积超2万千米^2，共减少湖泊容积600亿米^{3}以上。

在天然湖泊萎缩、干涸的同时,全国共修建了8.5万多座大中小型水库,水面总面积约2.3万千米^2,此外还修建大量的水池、水塘、鱼塘和城市中的人工水面。从某种意义上说,萎缩和干涸的湖泊实际上是被人工水面所取代了。

3.湿地退化

根据《国际湿地公约》的定义,湿地指天然或人工、长久或暂时的沼泽地、泥炭地或水域地带,带有静止或流动的淡水、半咸水或咸水水体,包括低潮时水深不超过6米的水域。

根据第二次水资源评价成果,20世纪50年代以来,全国天然陆域湿地面积减少了约1350万公顷,减少了28%;随着湿地的退化,湿地生态功能明显下降,生物多样性受到威胁,湿地生态系统遭到破坏。围垦及水土资源的过度开发是我国天然陆域湿地面积减少的主要原因。20世纪50年代以来,全国共围垦开发各类天然陆域湿地的面积近1100万公顷,占湿地面积减少的81%。其中三江平原、新疆内陆河区、长江中下游地区开发利用的沼泽湿地分别约为337万公顷、200万公顷和130万公顷。沿海地区围垦各类湿地达119万公顷,其中81%的湿地围垦成农田,19%用于盐业生产;另有城乡工矿用地100万公顷,两项合计200万公顷以上。

4.地下水超采

20世纪70年代以来，全国机电井数量大幅度增加，总数达到470多万眼（其中河南省121万眼，山东省106万眼、河北省91万眼），平原区地下水长期超采。1980—2000年，全国浅层地下水开采量从557亿米^{3}增加到941亿米^3，20年间增加了近70%，其中约90%在北方平原区。

21世纪初，全国地下水超采总面积已接近19万千米^2，其中仅海河平原就超过10万千米^2，严重超采区超过4万千米^2。全国地下水累计超采量已达1000多亿米^3，其中仅海河流域就超过900亿米^3。地下水严重超采引发了地面沉降、地裂缝、海水入侵等一系列地质灾害和环境问题。目前，全国因深层承压水超采而引起地面沉降的总面积已达6万千米^2，其中天津市地面沉降面积约8000千米^2，累计最大沉降量超过3100毫米，上海、西安、太原、沧州等城市的累积最大地面沉降量也已超过2000毫米。

另外，在干旱、半干旱地区，由于过量引用地表水、大水漫灌、灌排不平衡，地下水位升高，潜水大量蒸发并把盐分带到地表，形成大面积的土壤盐渍化。据统计，我国土壤盐渍化总面积达17万千米^2，主要分布在新疆塔里木盆地周边、河套平原等地区，其中新疆和内蒙古的土壤盐渍化面积分别占全国的46%和23%。

近年来，我国制定了地下

▲ 地下水超采导致地面沉降

水超采综合治理方案，开展了超采治理，效果逐渐显现。随着南水北调工程补水，华北地区地下水超采综合治理，华北平原地下水超采状况开始好转。2021 年，我国颁布了《地下水管理条例》，进一步加强了对地下水的管理。

二、人工生态环境补水

生态环境补水量占总用水量的比例较低。但随着我国生态文明建设的大力推进，生态环境补水量将进一步增加。生态环境补水包括人工措施供给的城镇环境用水和部分河湖、湿地补水，不包括降水、径流自然满足的水量。按照城镇环境用水和河湖补水两大类进行统计。

1. 城镇环境用水

城镇环境用水包括绿地灌溉用水和环境卫生清洁用水两部分，其中城镇绿地灌溉用水指在城市建成区和镇区内用于绿化灌溉的水量；环境卫生清洁用水是指在城市建成区和镇区内用于环境卫生清洁（洒水、冲洗等）的水量。

2. 河湖补水

河湖补水量是指以生态保护、修复和建设为目标，通过水利工程补给河流、湖泊、沼泽及湿地等的水量。根据补水特征的差异，划

▲ 2021 年 5 月，密云潮白河北京段通过生态补水实现 22 年来首次全线水流贯通

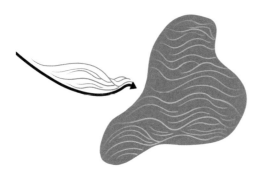

▲ 补水型河湖示意图

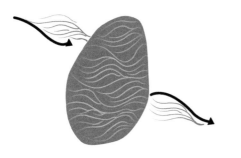

▲ 换水型河湖示意图

分为补水型和换水型河湖两类。补水型河湖是指引水入河湖后，水量主要消耗于蒸发和渗漏的河湖，以实际入河湖水量计算补水量。换水型河湖是指引水入河湖后需定期换水的河湖，仅统计人工补水中消耗于蒸发和渗漏的水量。

随着经济社会的快速发展，我国对生态环境用水的需求日益增长。2003 年，全国人工生态补水量为 79.5 亿米^3，占总用水量的 1.5%；到 2018 年，人工生态补水量达到了 200.9 亿米^3，占总用水量的 3.3%。2003—2018 年，每年增加约 8 亿米^3。

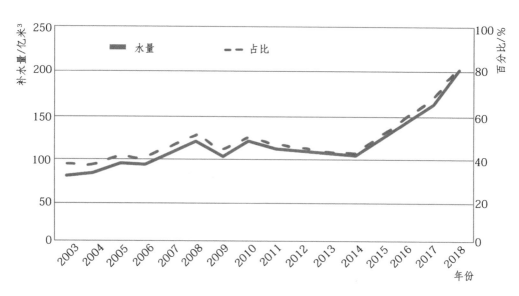

▲ 2003—2018 年人工生态补水增长情况

三、主要补水工程

1.塔里木河下游生态应急输水

▲ 重现生机的塔里木河

2000—2004 年，由水利部和新疆维吾尔自治区人民政府共同组织，先后六次从博斯腾湖向塔里木河下游实施生态应急输水，累计输水 23 亿米^3，其中进入下游河道 16.6 亿米^3，使干涸了 30 多年的下游超过 360 千米河道重现生机，濒临死亡的天然植被又起死回生，恢复了生机活力，干涸多年的尾闾台特马湖水面一度恢复到超过 200 千米^2。六次输水以后，沿河两岸的地下水埋深普遍升高 3 ~ 4 米，其中埋深 0 ~ 4 米的面积增加到 20 千米^2，埋深 4 ~ 6 米的面积增加到 261 千米^2，地下水矿化度也有较大幅度的降低。据现场实测，在距河岸 150 米的范围内，原已枯萎的胡杨林出现了萌蘖更新苗；在距离河岸 300 米的范围内，植被种类明显增多，覆盖度增加，乔灌木植物已恢复了开花结果的生理机能，鸟类和野生动物也明显增多。

此后，新疆维吾尔自治区持续每年对塔里木河下游实施生态输水，有效缓解了下游生态退化的局面。国务院批复了总投资为 107 亿元的《塔里木河流域近期综合治理规划报告》，规划实施后，增加生态用水 9.5 亿米^3，其中保证下游生态用水 3.5 亿米^3，使下游断流状况得到明显改善。

▲ 如今的黑河景象

2.黑河下游集中输水

黑河是河西走廊重要的内陆河，由于水资源总量不足，生活、生产用水量持续增加，水资源开发利用程度已超过100%；上下游之间、地区之间、生态用水和国民经济用水之间的矛盾都十分尖锐。

20世纪末，下游水量急剧减少，断流时间由过去的每年100天增加到200多天；胡杨林面积由75万亩减少到40万亩，尾闾湖西居延海和东居延海（分别从1961年和1992年以来）长期干涸，下游额济纳绿州大面积萎缩。

为挽救黑河下游生态系统，国务院于1999年批准成立了黑河流域管理局，严格实行国务院批准的黑河水量分配方案，并于2000年7月至2004年8月连续4年向黑河下游集中输水。其中2001年实行"全线封口，集中下泄"，正义峡下泄水量2.3亿米^{3}到尾闾湖西居延海和东居延海，水流浇灌了沿岸植被，浸润了河道，补充了地下水；2002年，正义峡再次下泄水量2.42亿米^3，水流到达已干涸10年的东居延海，入湖水量约2350万米^3，水面达到24千米^2；2003年以来，继续实施黑河流域省际分水和下游生态输水，水流到达干涸43年的西居延海。

3. 引江济太

2002 年 1 月至 2004 年 1 月，实施了引江济太工程，累计从长江引水 60 多亿米^3；其中入太湖近 30 亿米^3，使太湖的营养化水域面积比例减少了 13%，换水周期由 300 天缩短到 200 天，为周边河网增供水量 32 亿米^3。2004 年后，每年引长江水入太湖，有效改善了太湖水质和太湖水系的水环境状况。

4. 扎龙湿地补水

扎龙湿地是著名的"丹顶鹤之乡"，于 1992 年列入世界重要湿地名录。由于连年干旱，湿地面积不断萎缩。2001 年 7 月至 2002 年 4 月，从嫩江引水向扎龙湿地实施生态补水 3.85 亿米^3，水域由 130 千米^2 增加到 690 千米^2；2003 年 5 月，向扎龙湿地供水的生态调水工程完工，每年可向扎龙湿地补水 1.2 亿米^3。2000 年以来，累计向扎龙湿地补水近 30 亿米^3，湿地水面面积大大增加，改善了水系功能和生态质量，对维护湿地健康生态有重大作用。

▲ 扎龙湿地

第五章 高效节约水利用

水是事关国计民生的基础性自然资源和战略性经济资源。全面促进水资源节约集约利用，坚持以水定城、以水定地、以水定人、以水定产，把节约用水作为水资源开发利用的前提，抑制不合理用水需求，推动经济社会发展与水资源水环境承载能力相适应。本章从水资源开发利用的角度，重点介绍我国水资源供给、使用和利用效率等相关内容。

◎ 第一节 治水兴水促发展

一、古代及近代水利建设

我国是世界上水利建设历史最悠久的国家之一，历代善治国者必重治水，往往把除水害、兴水利作为其发展生产、安定社会和巩固政权的重要措施。

▲ 秦始皇为开拓岭南开凿的灵渠，如今仍然发挥着重要作用

自有文字记载以来，就有了关于治水和水资源开发利用的记载。从大禹治水开始，我国治水历史已有几千年；商代（公元前1600—前1100年）便有了农田沟洫；西周（公元前1000年左右）有了蓄水、灌溉、排水、防洪等设施建设；春秋战国时期，黄河下

游有了防洪大堤，公元前250年前后修建了四川都江堰、陕西郑国渠等著名水利工程；秦始皇统一中国后（公元前221年），"决通川防，夷却险阻"，对河流堤防工程开始进行统一的调整和改造；到南北朝时，初步形成了沟通江淮黄海四大水系的南北大运河轮廓。可以说，人类为了生存与发展，从单纯适应自然逐步发展到改造和利用自然，就是伴随着对江河的治理及其水资源开发利用而开展的，中华民族兴衰的历程也是一部反映我国水资源开发利用和治理江河的历史。

但自清代中期以来（18世纪），我国人口数量激增，而国力却逐渐衰落，水利建设停滞不前，水旱灾害日益严重，并且同政治、经济、社会的动乱形成恶性循环。到19世纪，随着现代科学技术的兴起，世界上许多国家在这一时期均开展了大规模的水利建设，而我国却由于外有列强侵略、内有腐朽的封建统治和军阀混战，水利工程建设处于停滞状态。直到1930年前后，才有了一些近代水利工程，但那时我国水利基础设施非常薄弱，水资源开发利用程度很低，水旱灾害十分频繁。到1949年，我国仅有标准很低且残缺不全的防洪堤防4.2万千

▲ 第一座水电站——石龙坝水电站于1912年建成发电

117

▲ 1951 年淮河中游支流润河
集蓄洪分水闸施工场面

米，大型水库 6 座、中型水库 17 座以及一些小型水库和塘坝；全国总供水量仅 1000 多亿米^3，灌溉面积 2.4 亿亩；内河通航里程约 7.3 万千米；水电装机容量 54 万千瓦（包括台湾 18.45 万千瓦），年发电量 12 亿千瓦时。

二、新中国成立以来的水利建设

1949—1956 年，水利建设以归顺河堤、疏通排洪通道、引水灌溉、减轻洪涝灾害为主的恢复治理阶段。江河治理和水资源开发利用是围绕恢复生产、安定社会而展开的。1949—1952 年，在恢复水利工程的基础上，从淮河开始开展了以控制主要江河水旱灾害为重点的江河治理和水资源开发工作，以整修加固堤防、加强圩堤、调整下游水系、整治

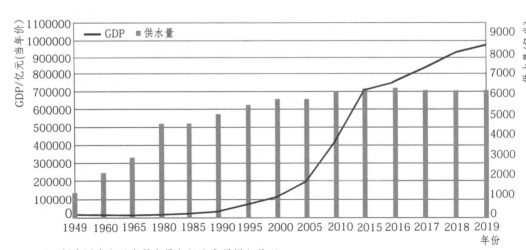

▲ 新中国成立以来供水量与经济发展增长状况

河道、控制河势、疏导江河排洪通道、恢复兴建引水灌溉工程、扩大灌溉面积等为主要措施。这一阶段的水利建设对安定社会、恢复生产发挥了巨大的作用。

1957—1979年，这段时期以水资源开发利用为主结合江河治理。20世纪50—60年代，我国对工业和农业的改造加快，经济发展迅速，进行了大规模的水资源开发和江河治理活动，注重满足经济发展特别是人们对粮食的需要。在这一阶段修建了大量的蓄水、引水和农田基本建设工程，供水能力显著增加，灌溉面积扩大，农田抗灾能力明显加强。这一阶段的水利建设对控制江河洪水、开发利用水能和水资源起到了积极的作用。1964年全国总供水量比1957年约增加了1000亿米^3，灌溉面积发展到5亿多亩。但在许多地方由于用水不当，灌区盐碱化和涝灾加重。由于在"大跃进"运动中建设的工程片面强调"多快好省"，形成了许多病险水库和"半拉子"工程，给防洪减灾和水资源开发利用带来了困难。

1973年，全国进行了以工业点源为重点的水污染治理工作，先后在全国建立了4万多套工业废污水处理装置；以后又进行了以城市为重点的区域环境治理，水污染治理范围从分散的工矿企业点源扩展到几十至数百平方千米的区域治理，污染防治取得了一定成效。从20世纪70年代初开始，我国开始在北方地区大规模开发利用地下水，到1979年

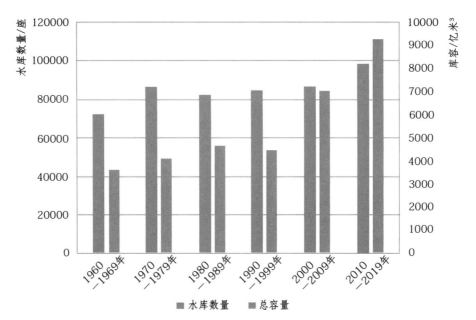

▲ 不同年代水库数量和库容增长图

年底全国地下水开采量接近 650 亿米³，为经济社会发展，特别是城市供水和农业灌溉等起到了重要作用。

由于大规模的水利工程建设，开发利用的水资源与经济社会发展的各项用水要求逐步趋于平衡，天然水体环境容量与排水的污染负荷逐渐趋于平衡，个别地区在枯水年份或枯水期有供需不平衡的缺水现象出现。到 1979 年，全国堤防长度达到 17 万千米，大中型水库增加到了 2150 座，总调蓄库容增加到 4000 亿米³，灌溉面积发展到 7.2 亿亩，内河通航里程达到 11 万千米。

1980—2000 年，是从强调水资源的开发利用向水资源可持续利用和加强管理的转变阶段。由于这一阶段我国特别是北方地区气候偏旱，加之人口迅速增长和经济快速发展，对水资源的需求不断增加，用水量越来越大，水体污染趋于严重，全国出现较为普遍的缺水现象。尤其在华北地区和东部沿海城市，出现愈来愈严重的缺水和水污染问题，河道断流、地下水超采、海水入侵等生态与环境问题。水问题受到社会的广泛关注，水的有限性和水资源保护的重要性逐渐为人们所接受。

为解决城市以及重要地区的严重缺水问题，重点兴建了一批供水骨干工程，逐步开展节约用水工作，使一些城市水资源供需矛盾有所缓解。这一阶段的主要特点是：在水资源开发利用中强调要与国土整治规划、国民经济生产力布局及产业结构的调整等紧密结合，重视生态与环境用水，对水资源实行统一管理和可持续的开发利用。从宏观上统筹考虑社会、经济、环境等各个方面的因素，使水资源开发、利用、保护和管理有机结合，使水资源与人口、经济、环境协调发展，通过合理开发、调配、节约利用、有效保护、强化管理，实现水资源总供给与总需求的基本平衡。

在这个阶段，水污染防治和水资源保护工作得到相应的推进，特别是淮河、海河、太湖等严重污染事件的教训，使国家对水污染治理工作有了进一步认识，以流域为单元进行综合防治，贯彻"节污水之流（减少污染负荷）、开清水之源（增加河流的自净能力）"的治理原则。在管理上采

▲ 2007年6月，昆明滇池暴发蓝藻，湖水污染严重

取流域与区域相结合，团结治水，共同治污。逐步建立了以流域为单元的流域水资源管理和保护机构，并制定了流域水污染防治条例和有关法规。在综合治理水污染方面，遵循"谁造成污染，谁承担责任"的原则，并把水污染综合防治作为流域总体规划的组成部分，纳入经济社会发展规划。重点保护饮用水水源，改善水质。实行计划用水和节约用水。根据河流、湖泊、水库的不同功能要求和水质标准，制定并实施流域水资源保护规划。同时积极发展生态农业，防治水土流失，控制面源污染，改善生态与环境。

在 1998 年特大洪水之后，中央及时调整水利工作方针，大幅度增加水利投入，坚持人和自然协调发展，强调水资源的配置、节约和保护，改革水的管理体制，强化水资源的统一和科学管理，使我国从传统水利向现代水利转变。这一阶段虽然我国水资源短缺问题仍很普遍，水污染和局部地区生态与环境恶化趋势仍未得到有效遏制，但总体上对水资源的开发利用中的生态与环境保护问题更加重视，水利的各项工作和水利的发展进入了新的阶段。

21 世纪，水利建设进入新的历史发展阶段。针对新的形势和社会发展需要，水利发展方向和治水思路也发生了相应的变化。2011 年中央 1 号文件《中共中央国务院关于加强水利改革发展的决定》，首次系统部署了水利改革发展全面工作。党的十八大以来，习近平总书记就保障国家水安全发表重要讲话，并提出"节水优先，空间均衡，系统治理，两手发力"的治水思路。十九大提出了新时代中国特色社会主义发展的战略安排及"两个一百年"奋斗目标，遵循生态文明、美丽中国的发展理念，国家水安全保障体系建设、水利改革发展及美丽中国建设成为时代主题。

2000年以来，全国用水总量总体呈缓慢上升趋势，2013年后基本持平且略有下降。其中生活用水量呈持续增加态势，工业用水量从总体增加转为逐渐趋稳，近年来略有下降；农业用水量受气候和实际灌溉面积的影响上下波动。生活和工业用水量占用水总量的比例逐渐增加，农业用水量占用水总量的比例则有所降低。

单位：亿米³

年份	生活用水量	工业用水量	农业用水量	生态环境用水量	用水总量
2000	504.4	1160.6	3936.2	19.8	5621
2005	582.5	1285.2	3672.6	92.7	5633
2010	681.9	1390.5	3935.9	91	6099.3
2015	775.1	1345.3	3882.2	128.7	6131.3
2016	800.6	1320.1	3809.6	146.9	6077.2
2017	838.1	1277	3766.4	161.9	6043.4
2018	859.9	1261.6	3693.1	200.9	6015.5
2019	871.7	1217.6	3682.3	249.6	6021.2

▲ 2000—2019年全国历年用水量变化（未计香港、澳门、台湾地区）

◎ 第二节 多源供水保安全

一、供水量

供水量是指各种水源提供的包括输水损失在内的水量之和，包括地表水源、地下水源和其他水源三类供水量。直接利用的海水另行统计，不计入供水总量中。

2019 年，全国供水总量 6021.2 亿米^3，占当年水资源总量的 20.7%。其中，地表水源供水量 4982.5 亿米^3，占供水总量的 82.8%；地下水源供水量 934.2 亿米^3，占供水总量的 15.5%；其他水源供水量 104.5 亿米^3，占供水总量的 1.7%。

地表水源供水量4982.5亿米^3

占供水总量82.8%

地下水源供水量934.2亿米^3

占供水总量15.5%

2019 年全国供水组成图 ▶

其他水源供水量104.5亿米^3

占供水总量1.7%

二、地表水源供水量

地表水源供水量是指按照蓄水、引水、提水、调水工程及非工程统计为用户提供的包括输水损失在内的水量。

2019 年，全国地表水源供水量 4982.5 亿米³。其中，蓄水工程供水量占 31.2%，引水工程供水量占 32.4%，提水工程供水量占 30.7%，水资源一级区间调水量占 5.7%。全国跨水资源一级区调水主要是在黄河下游向其左、右两侧的海河区和淮河区调水，以及长江中下游向淮河区、黄河区和海河区的调水。

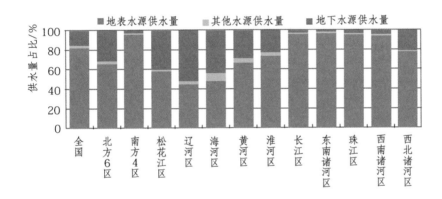

▲ 2019 年全国及各水资源一级区供水量组成图

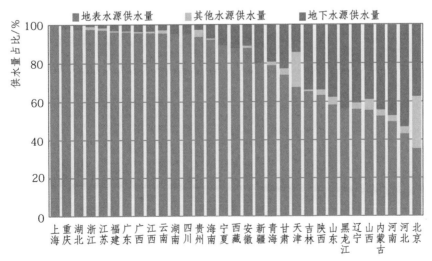

▲ 2019 年各省级行政区供水量组成图（未计香港、澳门、台湾地区）

知识拓展

水库、水闸、泵站

1. 水库

根据《第一次全国水利普查公报》，截至2011年，全国共有库容10万米^{3}及以上水库97985座，总库容9323.77亿米^3，其中，兴利库容4699.01亿米^3，防洪库容1778.01亿米^3。按水库规模分，大型水库756座，总库容7499.34亿米^3；中型水库3941座，总库容1121.23亿米^3；小型水库93288座，总库容703.20亿米^3。

2. 水闸

根据用途和作用，水闸可分为引（进）水闸、节制闸、排（退）水闸、分（泄）洪闸和挡潮闸五种类型。根据《第一次全国水利普查公报》，截至2011年，

水库规模		水库数量／座	总库容／亿米^3	兴利库容／亿米^3	防洪库容／亿米^3
合计		97985	9323.77	4699.01	1778.01
大型	小计	756	7499.34	3602.35	1490.27
	大（1）	127	5665.07	2749.02	1196.07
	大（2）	629	1834.27	853.33	294.2
中型		3941	1121.23	648.3	190.59
小型	小计	93288	703.2	448.35	97.16
	小（1）	17947	496.35	310.08	72.22
	小（2）	75341	206.85	138.27	24.94

▲ 全国不同规模水库数量与库容

在全国流量 5 米³/ 秒及以上的水闸中，共有引（进）水闸 10968 座，占全国水闸数量的 11.3%；节制闸 55133 座，占全国水闸数量的 56.8%；排（退）水闸 17197 座，占全国水闸数量的 17.7%，分（泄）洪闸 7920 座，占全国水闸数量的 8.2%；挡潮闸 5804 座，占全国水闸数量的 6.0%。

从水闸数量和规模看，小型河流引（进）水闸数量较多，总引水能力较大，分别占全国河流引（进）水闸数量和引水能力的 95.8% 和 78.4%；大中型河流引（进）水闸数量较少，总引水能力较小，分别占全国河流引（进）水闸数量和引水能力的 4.2% 和 21.6%。

▲ 水闸

3. 泵站

根据用途和作用，泵站可分为供水泵站、排水泵站和供排结合泵站三种类型。根据《第一次全国水利普查公报》，2011 年，在全国装机流量 1 米³/ 秒及以上或装机功率 50 千瓦及以上的泵站中，供水泵站数量较多，占全国的 58.1%；排水泵站和供排结合泵站数量较少，共占全国的41.9%。

▲ 泵站

三、地下水源供水量

地下水源供水量是指水井工程的开采量。2019 年，全国地下水源供水量 934.2 亿米^3，其中，浅层地下水占 95.4%，深层承压水占 4.2%，微咸水占 0.4%。

知识拓展

取水井

根据《第一次全国水利普查公报》，截至 2011 年，全国地下水取水井数量共计 9748.0 万眼。其中，规模以上机电井 444.9 万眼，占地下水取水井总数的 4.6%；规模以下机电井 4936.8 万眼，占 50.6%；人力井 4366.3 万眼，占 44.8%。规模以上机电井数量虽少，但其开采量是规模以下机电井及人力井开采量的3倍多。

从取水井的取水用途看，规模以上机电井（井口井管内径大于或等于200毫米的灌溉机电井、日取水量大于或等于20米^{3}的供水机电井）以灌溉用途居多，规模以下机电井（井口井管内径小于200毫米的灌溉机电井、日取水量小于20米^{3}的供水机电井）以生活和工业供水居多，人力井则基本为生活供水。从地下水类型看，浅层地下水取水井9718.9万眼，占地下水取水井总数的99.7%；深层承压水取水井29.1万眼，占地下水取水井总数的0.3%，全部为规模以上机电井。

地下水取水井				数量／万眼
按取水井类型分类	机电井	规模以上机电井	灌溉（井口井管内径≥200毫米）	406.6
			供水（日取水量≥20米^3）	38.3
		规模以下机电井	灌溉（井口井管内径<200毫米）	441.3
			供水（日取水量<20米^3）	4495.5
	人力井			4366.3
按地貌类型分类	山丘区			4504.3
	平原区			5243.7
按地下水类型分类	浅层地下水			9718.9
	深层承压水			29.1

▲ 全国地下水取水井数量分类统计

四、其他水源供水量

其他水源供水量包括污水处理再利用、雨水利用和海水淡化工程的供水量。污水处理再利用量指经过污水处理厂集中处理后的回用水量，不包括企业内部废污水处理的重复利用量；雨水利用量指通过修建集雨场地和微型蓄雨工程（水窖、水柜等）取得的供水量；海水淡化供水量指海水经过淡化设施处理后供给的水量。

2019年，全国其他水源供水量104.5亿米^3，其中，污水处理再利用量和雨水利用量分别占82.4%、9.1%。

知识拓展

其他水源工程

城市污水的再生利用是开源节流、减轻水体污染、改善生态环境、解决城市生态绿地灌溉的有效途径。

城市雨水资源是解决城市绿地灌溉水源的潜在资源。许多国家把雨水资源化作为城市生态建设的重要组成部分。我国对雨水资源的利用历史久远，但大多用于农村和农业，尤其是近十多年来农村集雨技术的推广，使雨水资源的利用技术有了实质性的进展，而城市雨水资源化以及用于城市绿地的系统研究和应用尚属起步阶段。城市雨水资源化具有

雨水收集排至市政管网　雨水接污挂篮　雨水弃流过滤装置　雨水过滤器　提升装置　雨水调蓄池　提升装置　雨水排出井　透水铺装　园林灌溉　景观、水池补水

农村无可比拟的优越条件，城市大量的硬化路面和屋顶使城市集雨具有较高的径流效率。

▲ 雨水资源利用于城市绿地灌溉

◎ 第三节　行业用水惠民生

一、用水量

用水量是指各类河道外用水户取用的包括输水损失在内的毛水量之和，按照生活用水、工业用水、农业用水和人工生态环境补水四大类用户统计，不包括海水直接利用量以及水力发电、航运等河道内用水量。

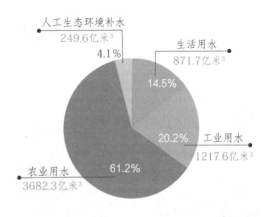

人工生态环境补水 249.6亿米³ 4.1%
生活用水 871.7亿米³ 14.5%
工业用水 1217.6亿米³ 20.2%
农业用水 3682.3亿米³ 61.2%

▲ 2019年全国用水组成

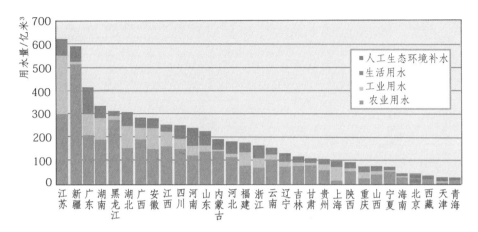

▲ 2019 年各省级行政区用水量组成图（未计香港、澳门、台湾地区）

2000—2019 年全国用水总量处于增长态势，随着行业用水量的变化，用水结构也在不断发生变化。农业用水量比重从 70% 下降到 61%，工业用水量比重略有降低，生活用水量比重从 9% 增加到 14%，生态环境用水量比重从 0.4% 增加到 4.1%。2010 年以来，全国用水总量基本趋于平稳，总体在 6000 亿米³ 左右，其中农业和工业用水量均有所减少，生活和生态环境用水量增长较快。

二、生活用水

生活用水是指人类日常生活所需用的水，包括城镇生活用水和农村生活用水。

城镇生活用水包括城镇居民生活用水和公共用水（含服务业、建筑业等用水）两大类，其中，城镇居民生活用水量占城镇生活用水总量的 60% ~ 70%。城镇居民生活用水中又可以分为饮用水和卫生用水，卫生用水包

▲ 农村生活用水

括厨房用水、盥洗用水、生活杂用水和冲厕用水等；
公共用水包括机关团体、科教、文卫等行政事业单位
和影剧院、娱乐中心、体育场馆、展览馆、博物馆等
公共设施用水和消防用水等。旅馆、服务业用水，商
饮业用水，交通、邮电业用水等属于第三产业用水。

农村生活用水主要包括人饮用水、厨房用水、
盥洗用水、卫生用水、家畜饮用水、家庭副业用水等。

三、工业用水

工业用水指工矿企业在生产过程中用于制造、
加工、冷却、空调、净化、洗涤等方面的用水，按
新鲜水取用量计，不包括企业内部的重复利用水量。

工业用水按其用途分为：①原料用水（直接作

▲ 2019 年全国工业用水中，火电、核电直流冷却水用水占比近 40%

133

为原料或作为原料一部分而使用的水）；②产品处理用水；③锅炉用水；④冷却用水等。其中冷却用水在工业用水中一般占 60%～70%。工业用水量虽较大，但实际消耗量并不多，一般耗水量约为其总用水量的0.5%～10%，即有 90% 以上的水量使用后经适当处理仍可以重复利用。

工业用水包括高用水工业、一般工业以及电力工业的用水等。高用水工业指用（耗）水量相对较大的工业部门，主要包括纺织工业、造纸工业、石化工业和冶金工业等；一般工业分为采掘、木材、食品、建材、机械、电子、其他等七类；电力工业主要指火力发电厂（燃煤、燃油、燃气电厂）、核电站和蒸汽、热水生产与供应部门，不包括水电站。

四、农业用水

农业用水包括耕地灌溉和林地、园地、牧草地灌溉用水，鱼塘补水及牲畜用水。耕地灌溉用水主要指水田和水浇地的灌溉用水，包括粮食作物和其他经济作物的灌溉，一般占农业用水总量的 90% 左右，是农业用水的主体；林业用水主要包括各种人工林地和果园的灌溉用水；牧业用水主要包括各种人工灌溉草场、饲草饲料基地的灌溉用水和牲畜用水；渔业用水指人工淡水养殖池塘的换水和补水，在农业用水中所占的比重较小，不足 1%。

▲ 农田节水灌溉

134

▲ 北京奥林匹克森林公园南部人工湿地引入的是污水处理厂的再生水

五、人工生态环境补水

人工生态环境补水仅包括人为措施供给的城镇环境用水和部分河湖、湿地补水，不包括降水、径流自然满足的补水。

河湖补水分为补水类型河湖补水和换水类型河湖补水。引水进入水体后连续流出的常流水河湖用水不属于河道外生态环境用水。河湖水系是水资源的载体，是生态环境的重要组成部分，是经济社会发展的重要支撑。随着区域经济发展和城市化水平的逐步提高，有必要在污染源治理基础上增加生态补水措施，通过提高水体流动性，加大水环境容量及自净能力。现如今城市景观水体的补水来源大多是再生水，再生水补充到河道可以维持河道水量，改造河道的生态环境和功能。

135

◎ 第四节 集约节约提效率

一、用水指标

水资源利用效率通常以用水指标来表征，用水指标包括综合用水指标和单项用水指标。其中，综合用水指标一般采用人均用水量和单位国内（地区）生产总值用水量两个指标，国内（地区）生产总值应一般采用当年价格；单项用水指标，根据用水特性不同，分为农业用水指标、工业用水指标、城镇公共用水指标、居民生活用水指标和牲畜用水指标等。

农业用水指标可按农田灌溉、林果地灌溉、草场灌溉和鱼塘补水分别计算，用亩均用水量表示。农田宜细分为水田、水浇地和菜田，分别计算其用水指标。工业用水指标可按火（核）电工业和非火（核）电工业分别计算，用单位工业增加值用水量表示，工业增加值应一般采用当年价格；城镇公共用水指标可用城镇人均公共用水量表示；居民生活用水指标可按城镇居民和农村居民分别计算，用人均日用水量表示；牲畜用水指标以头均日用水量表示，可按大、小牲畜分别计算。

综合用水指标		单项用水指标				
全国人均用水量／米³	万元国内生产总值用水量／米³	耕地实际灌溉亩均用水量／米³	万元工业增加值用水量／米³	城镇居民人均用水量／（升／日）	城镇公共人均用水量／（升／日）	农村居民人均生活用水量／（升／日）
431	60.8	369	38.4	139	86	90

▲ 2019 年我国各项用水指标

二、用水效率

用水效率包括工业用水重复利用率、农业灌溉渠系水利用系数和城市供水管网漏失率等。工业用水重复利用率指工业企业在生产过程中重复利用的水量占总用水量（新鲜水量与重复利用水量之和）的百分比；农业灌溉渠系水利用系数指进入田间水量与渠首取水量的比值；城市供水管网漏失率指城市自来水供水管网漏失的水量占其供水总量的百分比。

根据《中国水资源公报》，1997年以来我国用水效率明显提高，全国万元国内生产总值用水量和万元工业增加值用水量均呈显著下降趋势，耕地实际灌溉亩均用水量总体上呈缓慢下降趋势，人均综合用水量基本维持在 400 ~ 450 米³。2019 年与 1997 年比较，耕地实际灌溉亩均用水量由 492 米³ 下降到 368 米³；万元国内生产总值用水量、万元工业增加值用水量 22 年间分别下降了 83%、85%（按可比价计算）。与 2015 年相比，万元国内生产总值用水量和万元工业增加值用水量分别下降 23.8% 和 27.5%（按可比价计算）。农田灌溉水有效利用系数达到 0.559，比 2015 年升高 0.023。从各省用水效率指标分析看出，排名靠前的省份与排名靠后的省份差距仍然较大。一方面显示国家节水行动实施取得了成效，另一方面也反映出一些地方节水工作基础仍然薄弱，需加大力度深挖节水潜力。

小贴士

可比价

可比价是指计算各种总量指标所采用的扣除了价格变动因素的价格。按可比价计算总量指标主要有两种方法：一种是直接用产品产量乘以某一年的不变价格计算；另一种是用价格指数进行缩减。

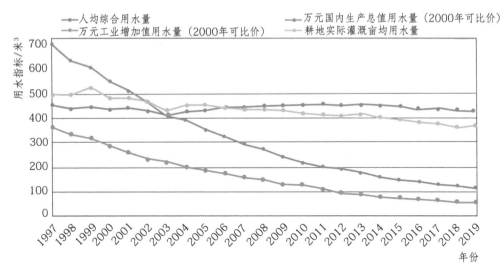

▲ 全国主要用水指标变化

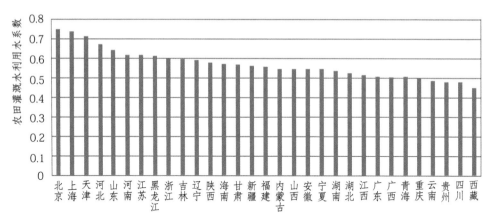

▲ 2019年全国各省级行政区农田灌溉水利用系数图（未计香港、澳门、台湾地区）

第六章

科学有效水管理

科学管理水资源是实现水资源可持续利用、人类社会可持续发展的必要条件。科学管理水资源要正确协调水资源、经济社会和生态环境之间的关系，是计划、组织、指挥、协调和控制水资源利用的行为。本章主要从治水思想、全面节水、合理分水、管住用水、系统治水等几个方面重点介绍科学管理水资源相关内容。

◎ 第一节 与时俱进谋管水

2013年1月，国务院办公厅印发《实行最严格水资源管理制度考核办法》（国办发〔2013〕2号），对各省（自治区、直辖市）人民政府的最严格水资源管理制度目标完成、制度建设和措施落实情况进行考核。

▲ 在浙江省安吉县余村矗立着"绿水青山就是金山银山"的石碑

党的十九大报告提出，建设生态文明是中华民族永续发展的千年大计，必须树立和践行绿水青山就是金山银山的理念；要加强对生态文明建设的总体设计和组织领导，设立国有自然资源资产管理和自然生态监管机构，完善生态环境管理制度。

2014 年 3 月，习近平总书记提出"节水优先、空间均衡、系统治理、两手发力"的十六字治水思路，把节水作为约束性指标纳入政绩考核，在严重缺水的地区先试行。系统治理、空间均衡是新时代治水思路的重要要求，也是辩证唯物主义世界观与思想武器的深刻体现，是系统思维的思想方法、工作方法。

2015 年 5 月，中共中央、国务院出台《关于加快推进生态文明建设的意见》，在水资源管理方面提出了要求：在资源开发与节约中要把节约放在优先位置，全面推进国土空间开发、资源利用、生态环境、生态文明重大制度等工作；2020 年，用水总量力争控制在 6700 亿米^3 以内，万元工业增加值用水量降低到 65 米^3 以下，农田灌溉水有效利用系数提高到 0.55 以上；生态环境质量总体改善，重要江河湖泊水功能区水质达标率提高到 80% 以上，饮用水安全保障水平持续提升；生态文明重大制度基本确立，基本形成源头预防、过程控制、损害赔偿、责任追究的生态文明制度体系，自然资源资产产权和用途管制、生态保护红线、生态保护补偿、生态环境保护管理体制等关键制度建设取得决定性成果。

2016 年 12 月，中共中央办公厅、国务院办公厅印发《关于全面推行河长制的意见》（厅字〔2016〕42 号），提出全面建立省、市、县、乡四级河

▲ 河长公示牌

小贴士

"三条红线"

一是确立水资源开发利用控制红线，到2030年全国用水总量控制在7000亿米³以内。

二是确立用水效率控制红线，到2030年用水效率达到或接近世界先进水平，万元工业增加值用水量降低到40米³以下，农田灌溉水有效利用系数提高到0.6以上。

三是确立水功能区限制纳污红线，到2030年主要污染物入河湖总量控制在水功能区纳污能力范围之内，水功能区水质达标率提高到95%以上。

长体系，各级河长负责组织领导相应河湖的管理和保护工作，作为推进生态文明的内在要求，完善水治理体系、保障国家水安全的制度创新。河长制工作主要任务包括六个方面：一是加强水资源保护，全面落实最严格水资源管理制度，严守"三条红线"；二是加强河湖水域岸线管理保护；三是加强水污染防治；四是加强水环境治理；五是加强水生态修复；六是加强执法监管。

◎ 第二节 全面多元促节水

我国用水效率不高、水资源短缺已经成为经济社会可持续发展的重要制约因素。提高全民节水意识，全面开展节水型社会建设，已经成为实现我国经济社会长期平稳较快发展、构建社会主义和谐社会的根本要求。2012年初，《国务院关于实行最严格水资源管理制度的意见》要求，到2030年，我国用水效率达到或接近世界先进水平，万元工业增加值用水量降低到40米³以下，农田灌溉水有效利用系数提高到0.6以上。

从我国目前的用水效率情况来看，节水的潜力还很大，尤其是占总用水量60%以上的农业用水。目前，我国农田灌溉亩均用水量为421米³，农田灌溉水有效利用系数仅为0.51，与世界先进水平相比仍有较大的差距。如果我国农田灌溉实施渠道防

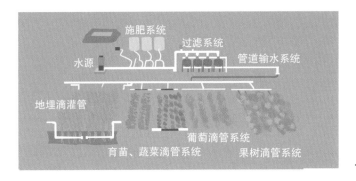

◀ 滴灌系统示意图

渗，推广喷微灌、滴灌等措施，灌溉水利用率再提高10%～15%，每年可减少用水量400亿～500亿米^3，几乎相当于一条黄河的水量。

宏观层面体现水与经济系统的协调性。要做到区域经济社会系统的发展理念、发展方式、经济结构、产业布局、水公共政策、管理体系、水市场经济、消费习惯以及社会公众意识等与水资源系统状况相适应，建立适水产业结构与布局，建立绿色生活与消费节水方式，实施主动虚拟水贸易优化。

中观层面体现水资源配置的合理性。供给端主要是包括地表水、地下水、雨洪水、再生水等非常规水源以及外调水源之间的合理配置；用户端主要是不同水源在不同地区、不同行业和不同用户配置上的合理性，包括水量和水质两方面。

微观层面体现水资源利用的高效率，包括各行业用水技术、工艺、设施和器具的节水性，节水载体创建，以及用户用水行为的规范等。实施全产、全程、全民"三维推进"。

（1）实施全产业节水。在工业生产过程中，建立和完善循环用水系统，提高工业用水重复率，改革生产工艺和用水工艺。在农业生产过程中，发展农业灌溉技术、渠道衬砌和田间工程技术，种植节水作物，优化灌溉制度。在第三产业服务过程中，强化节水器具的使用、消费者节水行为的促进。在节水型社会建设过程中，最终的作用和行为主体都是各类社会用水的单元，如灌区、企业、社区、机关、学校等，因此加强节水型灌区、节水型企业、节水型社区、节水型学校等各类载体建设，是将节水型社会建设这一国家或群体意志分解为微观个体实践行为的必然途径。

（2）进行全过程节水。结合供水端（多水源、取水、制水、输水、配水）和用水端(结构、分质供水、循环用水、水产品消费习惯)进行环节分解。在源头，以用水总量（耗水总量）控制，促进经济社会系统提升用水效率。在输配水环节，对输水系统进行优化设计及改造，减少输配过程中的蒸发渗漏损失。在用耗水环节，抓好生产过程节水。通过提升各行业用水技术、工艺、设施和器具的节水性，从而提高用水效率。在末端，实施绿色消费，减少虚拟水的浪费。

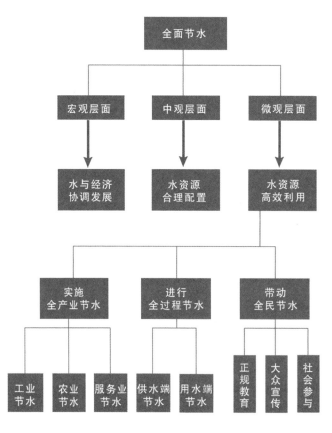

▲ 全面节水实施路径

（3）带动全民节水。以正规教育和大众宣传为抓手，营造节水的良好环境和氛围，通过鼓励企业和公众等利益相关者参与节水制度的制定、执行与评估过程，推进社会公众节水制度全过程的广泛参与，转变社会公众节水消费方式和行为方式。

要发挥政府 – 市场 – 公众三元动力。政府、市场和公众是节水型社会建设的三元主体，其中政府是"掌舵者"和"引擎"，市场是"划桨手"，公众既是"乘客"也是"推动者"。三种主导力量分别通过权力机制、价格机制和参与机制推动节水型社会建设。权力机制以保障水资源分配的公正性为导向，肩负整体性、超越性的协调和规划职能，如制度建设、规划调控、监测保护等。价格机制是市场最重要的调解手段，以追求效率为主要目标，在资源稀缺约束和水权明晰的前提下，通过价格机制调节，达到对水资源的有效利用。参与机制以平等为目标，在水量分配、水价制定等环节，充分发挥监督和协商的作用，表达不同诉求并实现程序正义的原则。

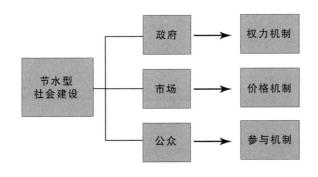

◀ 节水型社会建设通过三种机制发挥作用

◎ 第三节 合理配置巧分水

我国特殊的水资源禀赋条件、巨大的经济社会发展用水需求、全球气候变化等，使得流域间、区域间生态用水保障程度差异巨大，部分地区河湖水生态状况面临巨大挑战。区域经济社会发展用水大量挤占河道内生态用水，致使河道内生态流量严重不足，如海河区平原24条主要河流约一半的河道常年干涸，黄河部分支流生态流量保障问题也十分突出，南方地区一些支流局部河段出现生态用水被挤占问题。

我国众多的水利水电开发工程，既对河流生态造成了一定影响，又为生态用水保障程度的提高创造了工程手段和有利条件。水库和水电站调度运行方式对生物生长敏感时段的生态需水总体考虑不足。西北内陆河主要靠汛期漫滩洪水维持特有的生态系统，但内陆河如叶尔羌河、和田河、开都—孔雀河、疏勒河等，汛期洪水大部分被拦截入灌区，河谷林草等生态系统的生态用水得不到保障。

首先，围绕"合理分水"目标，要强化水资源监管基础。开展江河流域水量分配，是强化水资源监督管理的一项重要基础工作。此外，由于水资源配置中对生态用水的考量不够，一些地方河流湖泊生态流量（水量）管控目标还不明确，管控体系不够完善，生态流量得不到根本保障，生态流量确定与管控也是强化水资源监督管理的一项重要基础工作。

其次，跨省江河生态流量保障要明确目标，由流域机构商相关省级水行政主管部门制定，报水利部审批。其他跨行政区域的河湖生态流量保障目标，由共同的上一级水行政主管部门商有关地方水行政主管部门制定，报本级人民政府或其授权的部门审批，并报流域管理机构备案。

最后，根据生态保护对象及其需水特性，同时考虑不同区域不同类型河湖特点，依据有关规程规范和技术标准，选取适宜的计算方法开展生态流量保障目标初步测算。再根据流域水资源开发利用、生态保护要求、水源条件、工程调蓄能力等进行协调平衡分析，按照生活用水、基本生态用水、生产经营用水、其他用水的保障顺序统筹协调，综合确定河湖生态流量保障目标及其保证率。

全国跨省江河流域水量分配工作取得重要进展。2020年水利部批复了长江流域金沙江、沅江，淮河流域包浍河、新汴河、奎濉河等9条跨省江河流域水量分配方案。截至2020年年底，已有52条跨省江河流域水量分配方案得到批复。省级行政区开展了跨地市江河流域水量分配工作，天津、河北、山西、内蒙古、吉林、黑龙江、江苏等29个省级行政区域内的江河流域水量分配工作持续推进。截至2020年年底，北京、上海已对市内重要河道水库水资源实施统一调度和配置，山东、湖南、四川、青海、宁夏已将跨地市河流全部批复。2020年，其余22个省级行政区计划开展211个省级行政区内江河流域水量分配工作，其中113个跨地市江河流域水量分配已批复。

（a）生活用水

（b）基本生态用水

（c）生产经营用水

（d）其他用水

▲ 按照保障顺序统筹协调用水

◎ 第四节 "三先三后"管用水

一、先规划后分配

水资源规划通过摸清水资源及其开发利用现状、分析和评价水资源可承载的经济社会发展规模，统筹考虑各方用水需求，提出水资源合理开发、高效利用、有效节约、优化配置、积极保护和综合治理的总体布局及实施方案，为水资源合理分配提供技术支撑。在水资源综合规划的基础上，国家通过法定程序把江河水资源使用权授予各个地区、各个部门以及单位和个人，实现水资源使用权的分配，即通常所说的水量分配。水量分配是落实水资源开发利用控制红线、严格用水总量控制的重要基础措施。通过制定水量分配方案，确定各省级行政区经济社会发展的水资源边界，这有利于地方进行需水管理，推进节水型社会建设，提高水资源利用效率。

我国水量分配工作逐步推进，国务院批复了黄河、黑河、永定河、滦河、漳河水量分配方案，国务院授权水利部批复了大凌河水量分配方案，地方人民政府批复了石羊河、晋江、江西鄱阳湖水系等水量分配方案。

二、先论证后许可

用水必须经过允许才能取水，取水许可制度是国家对水资源使用权分配的基本制度。《中华人民共和国水法》第四十八条规定："直接从江河、湖泊或者地下取用水资源的单位和个人，应当按照国家取水许可制度和水资源有偿使用制度的规定，向水行政主管部门或者流域管理机构申请领取取水许可证，并缴纳水资源费，取得取水权。""取水权"是水行政主管部门依据国家授权对水资源使用权依法实施行政管理所采取的方式。取水许可通过取水许可审批管理程序实现区域向个体的取水权的分配，即各级地方水行政主管部门代表政府通过行政许可的方式将一定的水资源使用权授予取水户。在取水户取得用水指标之前，对取水、用水的全过程进行合理性、可行性分析，并对水环境和他人合法权益的影响进行综合分析，以避免部分水资源承载能力不足地区，盲目发展高耗水、高污染产业导致的过度开发、无序开发、低效利用水资源等问题；实现量水而行、以水定产、以水定发展；协调竞争性用水，促进经济建设项目与当地水资源条件相适应，从而保证水资源合理分配和利用，实现水资源可持续利用。

三、先计划后调度

每年的来水量是不断变化的。按平均年来水量开展水量分配以后，不是分了多少水就用多少水，而是要根据不同的来水情况，通过制定年度用水计划，实现年度用水总量控制。有了用水计划，也并非高枕无忧。水量分配方案制定的基础是来水量，而来水量的多少受到大气降水的影响。每年降水量是不同的，导致来水量存在较大差异。必须要加强对水量的调度，从时间上来说，水量分配界定的是一个长期或者较长时间段的流域或区域水资源配置情况，而水量调度则是特定时间段的水资源配置过程。

水量调度在水资源优化配置和可持续利用中发挥了巨大的作用。以黄河为例，1998年12月，经国务院批准，原国家计委、水利部联合颁布实施了《黄河可供水量年度分配及干流水量调度方案》和《黄河水量调度管理办法》，正式授权水利部黄河水利委员会统一调度黄河水量。此后十多年，黄河水利委员会在沿黄各省（自治区）的大力支持下，实行了以省际断面下泄流量为主要内容的水量调度责任制，建设了现代化的黄河水量调度管理系统。通过统一调度，强化管理，科学配置，实现了黄河连续20年以上不断流，保证了流域城乡居民生活和工农业生产供水安全。在经历了20世纪80—90年代频繁断流的危机后，古老的黄河重新焕发出勃勃生机，再次呈现出"奔流到海不复回"的景象。

▲ 小浪底水库调水调沙时的壮观场景

◎ 第五节 整体协同齐治水

治水兴水的得失，既关系各地自身的发展质量和可持续性，也关系全国生态环境大格局。历史经验表明，生态良好，治理得力，就会有力支撑经济社会发展；过度开发，生态环境恶化，就会严重制约发展，严重危害生活。

树立治水新理念。突出综合性，实行山水林田湖草沙冰一体化治理；突出整体性，在治水中注重空间资源均衡，兼顾长期效果；突出协同性，坚持节水增效、两手发力，建立健全治水兴水的科学体制机制。

新时期推进治水兴水建设实践，必须深入贯彻落实习近平同志关于系统治水的重要论述，完善体制机制，坚持项目支撑、统筹推进。

▲ 山水林田湖草沙冰是生命共同体

坚持系统治理。统筹自然生态各种要素，实现水利、环保、产业发展等相关规划统筹衔接、资金集中、措施同步。推进技术集成，有效破解复杂的治理难题，减少人为损害，促进生态自愈修复，实现山水林田湖草系统化治理。治理水土流失，同步推进小流域治理、治沟造地、淤地坝建设、防沙绿化。治理河流,将干流、支流治污与蓄滞洪区、水库、景观带、湿地公园建设融为一体。

加强水系工程建设。重点水利项目应按照确有需要、安全生态、可以持续的原则,通盘考虑,审慎决策,着眼长远发展,系统规划区域水系,加快建设一批骨干水系工程,积极谋划一批战略性重大工程。推进引水工程建设和重大水系枢纽工程建设,恢复蓄滞洪区。推进水系综合治理,实现区域丰枯调剂均衡。推广集雨水窖、水池、涝池和淤地坝建设。推进海绵城市建设,实现城市生态蓄水、净化、回用和地下水采补均衡。

完善治水兴水体制机制。积极构建系统完备、科学规范、更加开放、运行有效的水治理体制机制。坚持节水优先,切实提高农业用水效益,提高水资源综合利用水平。推进产业转型升级,实现由粗放用水方式向集约用水方式的根本性转变。两手发力,坚持政府主导,积极发挥市场作用。

第七章

人水和谐新画卷

在人类开发利用水资源过程中，水资源短缺、水环境污染、水生态恶化等相关问题仍将长期存在。节约和保护水资源是人类的使命，知水、爱水、节水、护水需要社会大众广泛参与。未来，将持续倡导人水和谐理念，提升人类对水的情感，与水同行，描绘美丽中国新画卷。

◎ 第一节 积极应对水危机

在水的全球大循环中，水在太阳能的作用下蒸发、蒸腾，由液态水或固态水转变为气态水进入大气层，遇冷后以雨雪、冰雹等形式降落到地球表面，达到全球范围内的水循环总量平衡。

在我国 960 万千米^2 的辽阔土地上，河川纵横，湖泊众多，水网密布。数以万计的江河湖泊，像闪

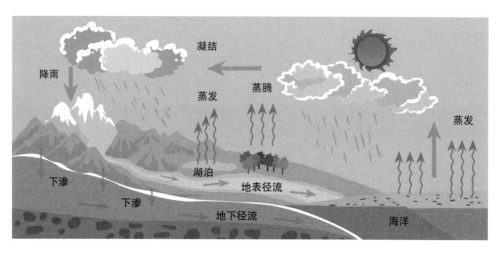

▲ 水的全球大循环

光的项链和名贵的珠宝镶嵌在祖国大地上，并由此构成了丰沛的水系网络。就总量来说，我国是一个水资源比较丰富的国家。

既然地球上的水生生不息、循环往复，水的总量不会增加也不会减少；我国的水资源总量在世界上排名前十，为什么水越来越少？为什么不能"取之不尽，用之不竭"？

首先，我国的淡水总量虽然不少，但并不意味着这些水量都能够全部被利用。水以大气水、冰川水、海河水、湖泊水、地下水、植物毛细管水、土壤水、岩石裂隙水等多种形式存在，其中以冰川水最多，目前人类无法开采利用；另有一部分淡水虽以液态形式存在，却埋藏于地下很深的地方，难以进行开采。只有存在于河流、湖泊、沼泽和地下 600 米以内的含水层中的淡水，才是可以为人类所用的淡水资源。另外，当前日趋严重的水污染又进一步加剧了水资源短缺的矛盾。

其次，不是所有可利用的水资源都能被人喝干用尽。河流、湖泊、森林、沼泽等都需要足够的水量，维持自然生态系统也需要相当的水量，方可保证自然界各系统的平衡，实现整个生态环境的和谐及可持续发展。

再者，我国国土辽阔，各地气象条件差别很大，水资源存在年内分布和区域分布严重不均的现象。我国降雨主要受东南季风和西南季风影响，降水年内分布不均匀；70% 左右的雨水集中在每年的夏、

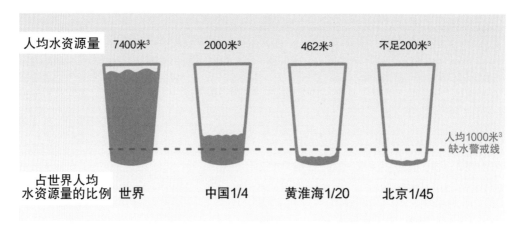

人均水资源量	7400米³	2000米³	462米³	不足200米³

人均1000米³
缺水警戒线

| 占世界人均
水资源量的比例 | 世界 | 中国1/4 | 黄淮海1/20 | 北京1/45 |

▲ 北京地区人均水资源
远低于缺水警戒线

秋两季，多以暴雨形式出现，往往形成春旱夏涝。我国地形地貌复杂，降水总体上从东南向西北递减，因此水资源的空间分布也很不均衡，与我国人口、土地、经济布局不相匹配。

更重要的是，我国有14亿人口，约2.8万亿米³的水资源总量，按人均计算后的水资源量约2000米³，仅为世界平均水平的1/4；平均到每亩耕地的水量，也仅为世界平均水平的一半，是全球人均水资源贫乏的国家之一。

我国600多个城市中，有近400个缺水，其中一半以上的城市严重缺水。北京、上海、广州、武汉等对我国经济社会文化生活有重大影响的城市，无论地处北方或南方，皆处于缺水状态。

同样是缺水，不同地区的缺水原因也不尽相同。我国的水资源短缺大体上可分为资源性缺水、工程性缺水、水质性缺水和管理性缺水四种类型。如京津、华北、西北地区及辽河流域、辽东半岛等地区，因当地水资源总量少，不能适应经济发展的需要而造成水资源供需矛盾加剧，属资源性缺水；长江流域、珠江流域、松花江流域、西南诸河流域以及南方沿海等地区，水资源总量并不短缺，但由于地形、地貌和地质条件复杂，山高坡陡，工程建设无法跟进导致缺乏水利设施而留不住水，属工程性缺水；珠江三角洲地区，尽管水量十分丰富，享有水乡之美誉，但由于水质受到不同程度的污染，清洁水源严重不足，属水质性缺水；管理性缺水是指由于管理的原因如水资源管理体制不健全，导致用水方式粗放，效率不高，用水浪费等，导致水资源不能满足需求的现象。

在实际中，某地区的缺水原因可能不只是一种，也有可能是上述几种类型的组合。如北京、天津等大城市，会同时产生资源性缺水和水质性缺水问题；西南和南方各省份水资源分布不均匀，有局部缺水现象，而且多数河道受到不同程度的污染，不能提供达标的生活、工业和农业用水，形成水质性缺水；西北等缺水地区，同时存在水土流失、水污染等问题，又加剧了这些地区的水资源短缺。

  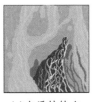

(a)资源性缺水　　(b)工程性缺水　　(c)水质性缺水　　(d)管理性缺水

▲ 我国水资源短缺的四种类型

◎ 第二节 开源节流重保护

我国水资源总量虽然丰富，但近 50 年来人口从 7 亿增加到了 14 亿，人均水资源量急剧减小，用水量日益增加。水资源的短缺已成为一种常态，如何适应这样的常态是必须思考和面对的问题。同时，在传统的水资源开发方式之外，寻找某些既经济又实用的水资源利用方式，比如雨水利用、海水利用及再生水利用等。这些非传统的水资源开发利用方式，可在一定程度上缓解水资源危机。

一、雨水利用

城市水资源日趋紧张，雨水作为一种清洁资源，却一直被人们所忽视，没有充分利用起来。在城市建设中，自然地表被建筑、道路、停车场等人工构筑物所替代，且人工构筑物大多采用不透水面层，导致降水无法下渗以补充地下水，于是大量雨水通过城市雨水管网排走，造成雨水资源浪费。因此，增加城市雨水的回收利用，减少雨水排放，可改善城市水资源短缺现象，是一种经济又实用的水资源开发方式。

城市雨水收集利用主

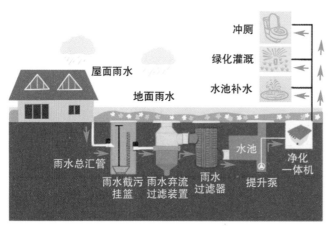

▲ 城市雨水综合利用示意图

要包括屋面雨水利用、屋顶绿化雨水利用、园区雨水利用和回灌地下水雨水利用四种方式。由于雨水具有硬度低、污染物少等优点，因此它在减少城市雨洪危害、开拓水源方面日益发挥重要作用。居住区、建筑群体等屋面及地面雨水，经收集和处理后，除用于浇灌农作物、补充地下水，还可用于景观环境、绿化、洗车、道路冲洗、冲厕及一些其他非生活用水用途。

在缺水的农村，降水也是主要的生活用水来源。长期以来，农村已形成了很多有特色的集雨工程，如水塘、水窖、水池等小型、微型蓄水工程。近年来，在农村进一步开展了集雨工程的建设，有效地解决了缺水地区分散农户的人畜饮水问题。雨水收集利用还为农村产业结构调整、农民增收和山区经济发展创造了有利条件。雨水集蓄利用工程的实施，使当地农业种植结构从传统的粮食种植向粮、果、菜、花等综合发展，农村产业结构从单一的种植业，向农、林、牧、副、渔业全面发展。

雨水收集利用，不仅让平日白白流走的雨水重新得到利用，而且可减缓水资源缺乏的压力，对保持水土和改善生态环境也发挥了重要作用；还可补充部分地下水，减轻整个自然界水循环系统的压力，对建设生态农业、生态城市，保护环境都具有十分重大的意义。

▲ 中国妇女发展基金会实施的"母亲水窖"慈善项目就是一种农村集雨工程建设

二、海水利用

目前，海水利用的方法主要有海水直接利用、海水淡化、海水农业和对海水进行综合利用等。

海水直接利用是直接采用海水替代淡水的开源节流技术。在热电、核电、石化、冶金、钢铁等工业行业中，利用海水作为设备冷却水，有效替代、节省等量的淡水；在城市生活中，海水可以代替淡水用于冲厕。日本早在20世纪30年代开始利用海水，目前几乎沿海所有企业，如钢铁、化工、电力等部门都采用海水作为冷却水。我国香港地区从20世纪50年代末开始也采用这一技术。以发展的眼光看，我国沿海工业城市海水直接利用的潜力非常巨大。

海水淡化是海水利用的重点，是人类追求了很久的梦想。将海水脱盐生产淡水，可以稳定增加淡水量。目前，淡化海水的方法主要有三类：①蒸馏法，让盐分留下，水蒸气凝结成水；②冻结法，让咸水结冰，盐和冰分离；③反渗透法，让咸水在压力下通过特殊的膜，留下盐。目前，全球有上百个国家和地区应用海水淡化技术，建成的海水淡化厂达10000多座，平均每日淡化水生产能力约4000万吨。虽然海水淡化耗电耗能，成本高，但很有发展前景。21世纪将是"海洋的世纪"，海水淡化作为一项高新技术产业，正在得到各国的

▲ 日本工业冷却水总用量的60% ~ 80% 来自海水

重视，具有重要和广阔的发展前景。

　　海水农业是当今研究和开发的热点之一。海水农业是以土地为载体，运用海水进行浇灌或以海水无土栽培方式进行生产。国外用海水大面积灌溉种植作物已取得较好的成果，

▲ "海水稻"试验田

美国的研究人员发现一种天然植物适合用海水灌溉，其果实富含蛋白质和植物油，既可直接食用又可榨油。我国也进行了海蓬子、大米草等耐盐植物的栽培实验，以及虹豆、西红柿和水稻等经济作物和粮食品种的耐盐实验。发展海水农业，可缓解人类水资源、可耕地和粮食短缺的危机，前景美好。

　　海水的综合利用是从海水中综合提取各种物质，主要集中在对化学资源的利用与开发，如以海水中的氯化钠为原料，制造氢气、氯气、氢氧化钠、盐酸和漂白剂等。

　　地球上的陆地淡水资源是有限的，过度开采地下水会造成地面沉陷、海水倒灌、土地盐渍化等严重后果；跨流域调水投资巨大，易受天气等条件制约，对生态环境的影响也有不少争议。向海洋取水或海水淡化，已经成为世界各国解决水资源短缺问题的重要手段。我国是海洋大国，且沿海和中西部地区拥有极为丰富的地下苦咸水资源，在地下取水和跨区域调水受到越来越多条件限制的情况下，开发利

用海水和苦咸水资源，进行海水（苦咸水）淡化就成为开源节流、解决我国淡水紧缺的重要战略途径。

三、再生水利用

再生水是指废水或雨水经适当处理后，达到一定的水质标准，满足某种使用要求，可进行使用的水。再生水在经过处理达到一定水质标准后，可利用范围十分广泛，如用于补充水源和补给工业、农林牧渔业、城镇杂用、景观环境等方面的用水。再生水一般不宜直接接触人体，根据国家标准《城市污水再生利用》（GB/T 18920—2002），再生水的主要用途见下表。

分 类	应 用	范 围
补充水源	补充地表水	河流、湖泊
	补充地下水	水源补给、防止地面沉降
工业用水	冷却用水	直流式、循环式
	洗涤用水	冲渣、冲灰、消烟除尘、清洗
	锅炉用水	高压、中压、低压锅炉
	工艺用水	溶料、漂洗、增湿、稀释、搅拌
农林牧渔业用水	农田灌溉	种籽与育种、粮食作物的灌溉
	造林育苗	种籽、苗木、苗圃、观赏植物
	农场、牧场	兽药与畜牧、家畜、家禽
	水产养殖	淡水养殖
城镇杂用水	园林绿化	公共绿地、住宅小区绿化
	冲厕、街道清扫	厕所便器冲洗、城市道路的冲洗
	车辆冲洗	各种车辆冲洗

续表

分 类	应 用	范 围
城镇杂用水	建筑施工	施工场地清扫、浇洒、灰尘抑制
	消防	消火栓、喷淋、喷雾、消火炮
景观环境用水	娱乐景观环境用水	娱乐性景观河道、景观湖泊及水景
	观赏景观环境用水	观赏性景观河道、景观湖泊及水景
	湿地环境用水	恢复自然湿地、营造人工湿地

▲ 再生水用途范围

◎ 第三节 与水同行共命运

"上善若水"出自老子《道德经》："上善若水。水善利万物而不争，处众人之所恶，故几于道。居善地，心善渊，与善仁，言善信，正善治，事善能，动善时。夫唯不争，故无尤。"

水，源源流淌，造福万物，滋养万物，却不与万物争高下，是最为谦虚的美德。

水，避高趋下，总是往低处流动；遇方则方，遇圆则圆，哪怕受到阻碍，也会顺势而行，因此可以流淌到任何地方，滋养万物，洗涤污浊，是最为博大的胸怀。

水，柔顺无骨，却有着最坚强的毅力；锲而不舍，水滴石穿，气势滚滚，蒸腾九霄，是最为坚毅的性格。

水，互相依存，具有强大的团队合作意识；一

▲ 千年水滴形成的钟乳石

滴水会很快蒸发，也掀不起大浪，但许许多多的水携手相拥，就会形成强大的气势，即使悬崖峭壁，也不能让水因惧怕而退缩；而其所到之处，斩关夺隘，决堤冲坝，穿石毁物，无坚不摧，无所不至，具有最强大的能力。

虽然水具有最高境界的善行及品性，但古人也给后代们留下了"水能载舟，亦能覆舟"的名句。此句原文见于《荀子·哀公》篇，是荀子讲述孔子与鲁哀公的一段对话："君者，舟也；庶人者，水也。水则载舟，水则覆舟，君以此思危，则危将焉而不至矣？"这段话在后世广为流传，成为中国人耳熟能详的至理名言，也在从古至今的用水实践中，正确引导着人们用水观念的演变；贯穿着人类从恐惧水患到引水兴利，从为了人类自身发展到追求更舒适生活而对水的过度掠取，并最终认识到必须人水和谐的整个过程。

在人与水的关系中，人类一直起着主导作用。人是社会、经济活动的主体；水是人类赖以生存和发展的基础性和战略性自然资源。

水在大自然的舞台上有着最精彩最出色的表演：使地球孕育生命，让地球山川秀美；使人类衣食住行得以保证，生活质量不断提高，精神世界充实愉悦；使生态环境得以良性循环，促进经济发展

▲ 水是人类赖以生存和发展的基础性、战略性自然资源

及社会文明程度的提高。而人类，作为地球上的高级生物，凭借自身智慧，在漫长的历史进程中，充分开发利用水资源等自然资源，用以改善自身的生存环境和生产条件，壮大人类的经济发展规模，并由此推动着整个社会文明的发展。

人与水的关系，就这样相互联系，相互渗透，从远古走来，绵延至今。

同时，人类对水资源的过度开发利用，造成水源枯竭和水质恶化，引发土地干裂、草场退化、大漠沙化、湖泊退缩等生态问题；因水资源短缺而造成地下水超采，引发地面沉降、地面塌陷、地裂缝、海水入侵、土地沙化、地下水水质污染等一系列问题。人类在征服大自然方面取得了许多伟大的成就，但人类无止境的贪婪和嗜取，已造成无可挽回的损失。随着水资源问题的日益严重，水危机已多次被国际组织及相关专家学者提及，并与世界上多次发生并产生巨大恐慌的石油危机相提并论。

▲ 20世纪石油危机引发了
不小的社会恐慌

发生在1973年、1979年和1990年的石油危机引发的恐慌和冲击至今让人记忆犹新，但也带来积极的效应，世界各国因此认识到石油的局限性，从而都在竭力发展新能源技术。石油危机的出现，促成了世界能源市场长远的结构性变化，迫使各国积极寻找替代能源，开发节能技术。如居高不下的汽油价格促使厂家推出更多高能效的汽车，研究生产新能源汽车。从能源问题来说，石油危机可以说是历史的分水岭，它促成了世界能源消费结构从以石油消费为主向能源来源多样化和提高能源效率的方向转变。

虽然水危机和石油危机经常被相提并论，但人类决不可因度过石油危机的难关而盲目乐观。和石油不同，全世界目前尚未发现水的替代物。假如地球上没有了水，失去的就不仅是茫茫云海、浩瀚江河，不仅是花草树木、丰收果实，不仅是星罗棋布的湖泊以及奔腾不息的长江黄河；没有水，一切都会消失，没有水，人类将无法生存。

虽然人类认识自然、改造自然、征服自然、利用自然的能力已大大提高，但是实践证明，当人类与大自然处于破坏、对抗关系时，大自然总会以特殊的方式惩罚人类；当人类与大自然和谐相处时，大自然也会为人类提供祥和、良好的生存和发展环境。因此，人类应清醒地认识到，无论何时，人与水的相依共存、和谐共处是至关重要的。

大自然需要呵护，水资源需要保护；只有对水爱护有加，才会有江水如画，才有资格说水能载舟；若不能对水资源加以保护，就会有穷山恶水，那时就只能感叹水亦覆舟。

与水同行，善待水资源，也给人类自身带来福泽。

▲ 推进生态文明建设，铺展人水和谐新画卷

[1] 《百问三峡》编委会.百问三峡 [M].北京:科学普及出版社,2012.

[2] 《第一次全国水利普查成果丛书》编委会.全国水利普查综合报告 [M].北京:中国水利水电出版社,2017.

[3] 北京市大兴区水务局.节水知识读本 [M].北京:中国环境科学出版社,2012.

[4] 甘泓.中国水教育论文集 [M].北京:中国水利水电出版社,2007.

[5] 刘昌明,傅国斌.今日水世界 [M].广州:暨南大学出版社,2000.

[6] 刘行光.从都江堰到南水北调 [M].上海:上海科学普及出版社,2014.

[7] 水利部水情教育中心.基础水情百问 [M].武汉:长江出版社,2014.

[8] 水利部水土保持司.水土保持科普知识读本 [M].郑州:黄河水利出版社,2003.

[9] 水利部水资源司.十问最严格水资源管理制度 [M].北京:中国水利水电出版社,2012.

[10] 水利电力部水文局.中国水资源评价 [M].北京:水利电力出版社,1987.

[11] 水利部水利水电规划设计总院.中国水资源及其开发利用调查评价 [M].北京:中国水利水电出版社,2014.

[12] 水利水电科学研究院,武汉水利电力学院《中国水利史稿》编写组.中国水利史稿(上册)[M].北京:水利电力出版社,1979.

[13] 水利水电科学研究院《中国水利史稿》编写组.中国水利史稿(下册)[M].北京:水利电力出版社,1989.

[14] 谭徐明.都江堰史 [M].北京:中国水利水电出版社,2009.

[15] 汪顺生,刘明洋,陈豪,等.水利风景区科普管理体系构建 [J].中国水利,2017(13):4.

[16] 王浩.水知识读本(初中适用)[M].北京:中国水利水电出版社,2010.

参考文献

[17] 王浩. 水知识读本（高中适用）[M]. 北京：中国水利水电出版社，2011.

[18] 王浩. 水知识读本（小学低年级适用）[M]. 北京：中国水利水电出版社，
2008.

[19] 王浩. 水知识读本（小学高年级适用）[M]. 北京：中国水利水电出版社，
2009.

[20] 王浩. 中国可持续发展总纲（第 4 卷）——中国水资源与可持续发展（精）
[M]. 北京：科学出版社，2007.

[21] 王浩. 中国水资源与可持续发展 [M]. 北京：科学出版社，2007.

[22] 张岳, 任光照, 谢新民. 水利与国民经济发展 [M]. 北京：中国水利水电出版社，
2006.

[23] 赵宝璋. 水资源管理 [M]. 北京：中国水利水电出版社，1994.

[24] 中国公民水素养课题组. 生命之水 [M]. 北京：中国水利水电出版社，
2019.

[25] 中国科协科普部. 2018 年全国科普教育基地优秀科普活动案例汇编 [M].
北京：中国科协科普活动中心，2018.

[26] 中华人民共和国水利部, 中华人民共和国国家发展和改革委员会. 中国水
资源及其开发利用调查评价 [M]. 北京：中国水利水电出版社，2008.

[27] 中华人民共和国水利部, 中华人民共和国国家统计局. 第一次全国水利普
查公报 [M]. 北京：中国水利水电出版社，2013.

[28] 中华人民共和国水利部. 中国水资源公报 [M]. 北京：中国水利水电出版社，
2016.

[29] 中华人民共和国水利部. 中国水资源公报 [M]. 北京：中国水利水电出版社，
2017.

[30] 中华人民共和国水利部. 中国水资源公报 [M]. 北京：中国水利水电出版社，
2018.

[31] 中华人民共和国水利部. 中国水资源公报 [M]. 北京：中国水利水电出版社，
2019.

[32]　中华人民共和国水利部.中国水资源公报[M].北京:中国水利水电出版社，
　　　2020.
[33]　周魁一.水利的历史阅读[M].北京:中国水利水电出版社，2008.